गणित-I

दीपक सिंह

KHANNA BOOK PUBLISHING CO. (P) LTD.
PUBLISHER OF ENGINEERING AND COMPUTER BOOKS
4C/4344, Ansari Road, Darya Ganj, New Delhi-110002
Phone: 011-23244447-48 **Mobile:** +91-99109 09320
E-mail: contact@khannabooks.com
Website: www.khannabooks.com

Dear Readers,

To prevent the piracy, this book is secured with HIGH SECURITY HOLOGRAM on the front title cover. In case you don't find the hologram on the front cover title, please write us to at contact@khannabooks.com or whatsapp us at +91-99109 09320 and avail special gift voucher for yourself.

Specimen of Hologram on front Cover title:

Moreover, there is a SPECIAL DISCOUNT COUPON for you with EVERY HOLOGRAM.

How to avail this SPECIAL DISCOUNT:

Step 1: Scratch the hologram

Step 2: Under the scratch area, your "coupon code" is available

Step 3: Logon to www.khannabooks.com

Step 4: Use your "coupon code" in the shopping cart and get your copy at a special discount

Step 5: Enjoy your reading!

ISBN: 978-93-5538-182-8
Book Code: DIP175HI

Mathematics - I *by* Deepak Singh
[Hindi Edition]

First Edition: 2021
Reprint: Oct 2022, Feb 2023, March 2025

Published by:
Khanna Book Publishing Co. (P) Ltd.
CIN: U22110DL1998PTC095547

Visit us at: **www.khannabooks.com**
Write us at: **contact@khannabooks.com**

To view complete list of books, Please scan the QR Code: KPH

Printed in Bharat.

प्रो. अनिल डी. सहस्रबुद्धे
अध्यक्ष
Prof. Anil D. Sahasrabudhe
Chairman

सत्यमेव जयते

अखिल भारतीय तकनीकी शिक्षा परिषद्
(भारत सरकार का एक सांविधिक निकाय)
(शिक्षा मंत्रालय, भारत सरकार)
नेल्सन मंडेला मार्ग, वसंत कुंज, नई दिल्ली–110070
दूरभाष : 011-26131498
ई–मेल : chairman@aicte-india.org

ALL INDIA COUNCIL FOR TECHNICAL EDUCATION
(A STATUTORY BODY OF THE GOVT. OF INDIA)
(Ministry of Education, Govt. of India)
Nelson Mandela Marg, Vasant Kunj, New Delhi-110070
Phone : 011-26131498
E-mail : chairman@aicte-india.org

प्राक्कथन

इंजीनियरिंग ने सदियों से समाज की प्रगति और विस्तार में बहुत महत्वपूर्ण भूमिका निभाई है। भारतीय उपमहाद्वीप में उपजे इंजीनियरिंग विचारों ने संपूर्ण विश्व के चिंतन को प्रभावित किया है।

अखिल भारतीय तकनीकी शिक्षा परिषद (अभातशिप) ने वर्ष 1987 में अपने स्थापना से ही तकनीकी विद्यार्थियों को सर्व संभव सहायता देने में अग्रणी भूमिका का निर्वहन किया है। अभातशिप का लक्ष्य गुणवत्तापूर्ण तकनीकी शिक्षा को प्रोत्साहन देते हुए इसके माध्यम से उद्योग जगत को नवीन उत्कर्ष पर पहुँचाना एवं अंततः मातृभूमि भारत को एक आधुनिक विकसित राष्ट्र के रूप में स्थापित करना है| यहां यह उल्लेख करना अनुचित नहीं होगा कि इंजीनियर आधुनिक समाज की रीढ़ हैं - बेहतर इंजीनियर अर्थात बेहतर उद्योग और उद्योग जितने बेहतर होंगे राष्ट्र उतना ही विकास करेगा।

राष्ट्रीय शिक्षा नीति 2020 की परिकल्पना है कि सभी के लिए क्षेत्रीय भाषा में शिक्षा उपलब्ध हो, जो सुनिश्चित करती है कि प्रत्येक विद्यार्थी समग्र रूप से सक्षम एवं दक्ष हो ताकि राष्ट्रीय विकास में सकल योगदान दे सके।

अभातशिप का विगत कुछ वर्षों से यह अथक प्रयास रहा है कि, इंजीनियरिंग के सभी विद्यार्थियों को उच्च गुणवत्ता वाली अंतरराष्ट्रीय स्तर की पुस्तकें क्षेत्रीय भाषाओं में तैयार कर, उचित मूल्य पर उपलब्ध कराई जाएँ। ये पुस्तकें न केवल सरल भाषा में व्यावहारिक जीवन के उदाहरणों तथा समृद्ध विषय सामग्री को ध्यान में रखकर तैयार की गई हैं, अपितु इनमें दिन प्रति दिन बदलते वैश्विक परिदृश्य तथा उद्योग जगत की आवश्यकताओं का भी ध्यान रखा गया है। क्षेत्रीय भाषाओँ में तैयार की गई ये पुस्तकें, अभातशिप के इंजीनियरिंग एवं प्रौद्योगिकी के मॉडल पाठ्यक्रम - 2018 के अनुरूप हैं।

संपूर्ण भारत के अनुभवी एवं विषय के निष्णात प्रख्यात प्राध्यापकों द्वारा इन पुस्तकों को अकादमिक समुदाय के लाभ के लिए लिखा गया है। अभातशिप को पूर्ण विश्वास है कि, विषय सामग्री की दृष्टि से समृद्ध, ये पुस्तकें तकनीकी शिक्षा के विद्यार्थियों को अधिक सुगमता और गुणवत्ता के साथ विषयों में दक्षता प्राप्त करने में सहायक होंगी|

अभातशिप इन पुस्तकों और इंजीनियरिंग विषयों को अधिक सुस्पष्ट एवं प्रभावी बनाने के लिए सभी मूल लेखकों, समन्वयकों तथा अनुवादकों के अथक प्रयास और परिश्रम की प्रशंसा करता है।

(Anil D. Sahasrabudhe)

आभार

इंजीनियरिंग एवं प्रौद्योगिकी के विद्यार्थियों के लिए तकनीकी पुस्तकों के प्रकाशन हेतु कुशल नियोजन, संयोजन एवं क्रियान्वयन हेतु अखिल भारतीय तकनीकी शिक्षा परिषद् के प्रति लेखक हृदय से कृतज्ञ हैं।

पुस्तक को विद्यार्थियों के अनुकूल रोचक एवं कलात्मक रूप देने में पुस्तक के समीक्षक डॉ. प्रदीप नन्दलाल के बहुमूल्य योगदान के प्रति भी लेखक हृदय से आभारी है।

लेखक के लिए अत्यंत गौरव का विषय है कि, यह पुस्तक एआईसीटीई के मॉडल पाठ्यक्रम एवं राष्ट्रीय शिक्षा नीति (NEP)–2020 के दिशानिर्देशों के अनुरूप तैयार की गई है। साथ ही क्षेत्रीय भाषाओं में शिक्षा को बढ़ावा देने के लिए इस पुस्तक का अनुसूचित भारतीय क्षेत्रीय भाषाओं में भी अनुवाद किया जा रहा है।

हम इस पुस्तक के हिंदी भाषा में अनुवाद के लिए डॉ. गोपाल मीणा एवं समीक्षा के लिए डॉ. जीतेन्द्र ऐरन के प्रति आभार व्यक्त करते हैं।

हम श्री बुद्धा चंद्रशेखर, मुख्य समन्वय अधिकारी (CCO), NEAT, एआईसीटीई के प्रति हार्दिक सम्मान व्यक्त करते हैं जिनके द्वारा विकसित आर्टिफिशियल इंटेलिजेंस (AI) आधारित ट्रांसलेशन टूल का उपयोग अनुवाद के लिए किया गया।

अंत में, लेखक, खन्ना बुक पब्लिशिंग कंपनी प्राइवेट लिमिटेड, नई दिल्ली, के सभी सदस्यों जिन्होंने प्रकाशन के दौरान तत्परता से सहयोग प्रदान किया एवं इसे एक स्मरणीय अनुभव बनाया, के प्रति भी हार्दिक धन्यवाद ज्ञापित करते हैं।

–दीपक सिंह

प्रस्तावना

'गणित-I' नामक पुस्तक इंजीनियरिंग विद्यार्थियों को गणित पढ़ाने का एक परिणाम है। इस पुस्तक को लिखने की शुरुआत डिप्लोमा इंजीनियरिंग के विद्यार्थियों को गणित की बुनियादी अवधारणाओं के साथ गणित के मूल सिद्धांतों से अवगत कराना है और साथ ही उन्हें विषय की अंतर्दृष्टि प्राप्त करने में सक्षम बनाना है। व्यापक कवरेज के उद्देश्य को ध्यान में रखते हुए और आवश्यक पूरक जानकारी प्रदान करने के लिए, लेखक ने पूरी किताब में एआईसीटीई द्वारा सुझाए गए विषयों को बहुत ही व्यवस्थित और तार्किक तरीके से शामिल किया है। विषय की मौलिक अवधारणाओं को सरलतम तरीके से समझाने का प्रयास किया गया है।

मूल प्रति की तैयारी की प्रक्रिया के दौरान, मैंने विभिन्न मानक पाठ्यपुस्तकों का अध्ययन किया है और तदनुसार अनुभागों जैसे जिज्ञासा पैदा करना, हल करना और पूरक समस्याएं आदि विकसित की हैं। विभिन्न खंडो को तैयार करते समय बुनियादी सिद्धांतों के त्वरित पुनरावलोकन के लिए सूत्रों के व्यापक सारांश पर भी जोर दिया गया है। छात्र हित के क्षेत्रों में उपयोगी संसाधनों के अलावा, लेखक द्वारा उदाहरणों और समृद्ध अभ्यासों की पर्याप्त आपूर्ति की गई है। हर इकाई में दिए गए, यथार्थवादी अनुप्रयोग छात्र को प्राप्त सामग्री को व्यापक बनाने और इसे नई और बुनियादी स्थितियों में लागू करने में मदद करते हैं। विद्यार्थियों की रुचि को और बढ़ाने के लिए, सावधानीपूर्वक तैयार किए गए लेखाचित्र और दृष्टांत पुरे अध्ययन में परिलक्षित होते हैं।

इसके अलावा, 'अधिक जानिए' शीर्षक के तहत उपयोगकर्ताओं के लिए कुछ आवश्यक जानकारी के अलावा, लेखक ने आगे पढ़ने के लिए कुछ आवश्यक बुनियादी स्थितियों को स्पष्ट किया है।

जहां तक वर्तमान पुस्तक का संबंध है, गणित-I का उद्देश्य विषय में शामिल कि गई विषयवस्तुओं को पूरी तरह से आधार प्रदान करना है। गणित-I का यह भाग विद्यार्थियों को त्रिकोणमिति, कलन और बीजगणित के ज्ञान को प्रयोग करने के लिए तैयार करेगा ताकि संबंधित प्रश्नों को हल किया जा सके। विषय-वस्तु को रचनात्मक तरीके से प्रस्तुत किया गया है।

लेखक को पूरी उम्मीद है कि यह पुस्तक विद्यार्थियों को विषय के ठोस आधार के विकास के लिए त्रिकोणमिति, कलन और बीजगणित के मूल सिद्धांतों के पीछे के विचारों को सीखने और चर्चा करने के लिए प्रेरित करेगी। मैं सभी लाभकारी टिप्पणियों और सुझावों के लिए आभारी रहूंगा जो पुस्तक के भविष्य के संस्करणों के सुधार में योगदान देंगे। इस पुस्तक को शिक्षकों और विद्यार्थियों के हाथों में सौंपते हुए मुझे बहुत खुशी हो रही है। किताब में अलग-अलग पहलुओं पर काम करना वाकई में बहुत खुशी की बात थी।

–दीपक सिंह

परिणाम आधारित शिक्षा

परिणाम आधारित शिक्षा (आउटकम बेस्ड एजुकेशन) के क्रियान्वयन के लिए प्रथम आवश्यकता है, परिणाम आधारित पाठ्यक्रम विकसित करना एवं शिक्षा प्रणाली में परिणाम आधारित मूल्यांकन का समावेश करना। परिणाम आधारित आकलन के माध्यम से मूल्यांकनकर्ता यह मूल्यांकन करने में सक्षम हो सकेंगे कि क्या विद्यार्थियों ने उल्लेखित मानक, विशिष्ट और मापने योग्य लक्ष्यों (परिणामों) को प्राप्त कर लिया है। परिणाम-आधारित शिक्षा के उचित समावेश से सभी विद्यार्थियों में, प्रोग्राम बीच में छोड़े बिना, न्यूनतम मानक अर्जित करने के लिए एक निश्चित प्रतिबद्धता होगी। परिणाम आधारित शिक्षा युक्त प्रोग्राम के अंत में, विद्यार्थी निम्नलिखित लक्ष्यों (परिणामों) तक पहुंचने में सक्षम होगे।

PO1 : **मूलभूत एवं अध्ययन संकाय विशिष्ट ज्ञान:** गणित, विज्ञान, इंजीनियरिंग के आधारभूत ज्ञान और इंजीनियरिंग विशेषज्ञता कों इंजीनियरिंग समस्याओं के समाधान के लिए उपयोग करना।

PO2 : **समस्या विश्लेषण:** संहिताबद्ध मानक विधियों का उपयोग करके सुपरिभाषित इंजीनियरिंग समस्याओं को पहचानना एवं उनका विश्लेषण करना।

PO3 : **समाधानों की रूपरेखा / विस्तार:** सुपरिभाषित तकनीकी समस्याओं के लिए समाधानों की रूपरेखा (डिजाईन) तैयार करना और निर्दिष्ट आवश्यकताओं को पूरा करने के लिए प्रणाली के घटकों या प्रक्रियाओं के डिजाइन में सहायता करना।

PO4 : **इंजीनियरिंग उपकरण, प्रयोग और परीक्षण:** मानक परीक्षण और माप करने के लिए आधुनिक इंजीनियरिंग उपकरण और उपयुक्त तकनीक का उपयोग करना।

PO5 : **समाज एवं पर्यावरणीय स्थायित्व के लिए इंजीनियरिंग कार्यप्रणाली:** समाज, स्थिरता, पर्यावरण और नैतिक कार्यप्रणालियों के संदर्भ में उपयुक्त प्रौद्योगिकी का उपयोग करना।

PO6 : **परियोजना प्रबंधन:** इंजीनियरिंग और प्रबंधन के सिद्धांतों का उपयोग व्यक्तिगत एवं समूह के सदस्य अथवा प्रमुख के रूप में परियोजना प्रबंधन करना एवं सुपरिभाषित इंजीनियरिंग गतिविधियों के विषय में प्रभावी ढंग से संप्रेषित करना।

PO7 : **जीवन-पर्यन्त सीखना:** व्यक्तिगत आवश्यकताओं का विश्लेषण करने की क्षमता और तकनीकी परिवर्तनों के व्यापक संदर्भ में जीवन-पर्यन्त सीखना।

कोर्स आउटकम्स

पाठ्यक्रम के पूरा होने के बाद विद्यार्थी निम्न में सक्षम होंगे:

CO-1 : तकनीकी समस्याओं को हल करने के लिए त्रिकोणमिति और संबंधित बुनियादी अवधारणाओं का उपयोग करना।

CO-2 : त्रिकोणमिति में उपयोग किए जाने वाले बुनियादी फलनों का बीजगणितीय विश्लेषण करने की क्षमता विकसित करना।

CO-3 : इंजीनियरिंग से संबंधित समस्याओं को हल करने के लिए अवकल गणित की बुनियादी अवधारणाओं का उपयोग करना।

CO-4 : किसी फलन के अवकलज की लेखाचित्रीय, संख्यात्मक और विश्लेषणात्मक रूप से व्याख्या करना।

CO-5 : फलनों का उपयोग करके वास्तविक जीवन परिदृश्यों का प्रतिरूप तैयार करने की क्षमता विकसित करना।

CO-6 : विद्यार्थीयों, समकक्षों और अन्य लोगों को गणितीय सोच को सुसंगत और स्पष्ट रूप से संप्रेषित करना।

CO-7 : बीजगणित की अवधारणाओं के आधार पर इंजीनियरिंग से संबंधित समस्याओं को हल करना।

कोर्स आउटकम्स (COs)	प्रोग्राम आउटकम्स (POs) के साथ अपेक्षित संबंध (1. कमजोर सहसम्बन्ध; 2. मध्यम सहसम्बन्ध; 3. मजबूत सहसम्बन्ध)						
	PO-1	**PO-2**	**PO-3**	**PO-4**	**PO-5**	**PO-6**	**PO-7**
CO-1	3	2	1	-	-	-	1
CO-2	3	2	-	-	-	-	1
CO-3	3	2	1	-	-	-	1
CO-4	2	2	-	-	-	-	1
CO-5	2	2	1	-	-	-	-
CO-6	2	2	1	-	-	-	2
CO-7	2	2	-	-	-	-	-

संक्षेपण और प्रतीक

संक्षेपण सूची

संक्षिप्त रूप	विस्तृत रूप
CO	कोर्स आउटकम
cm	सेंटीमीटर
PO	प्रोग्राम आउटकम
t-अनुपात	त्रिकोणमितीय अनुपात
UO	यूनिट आउटकम
UV	अल्ट्रा वायलेट
All STC	
All S T C	सभी त्रिकोणमितीय अनुपात धनात्मक है। sine और cosec त्रिकोणमितीय अनुपात धनात्मक है। tan और cot त्रिकोणमितीय अनुपात धनात्मक है। cos और sec त्रिकोणमितीय अनुपात धनात्मक है।

प्रतीकों की सूची

प्रतीक	विवरण
1^R	1 रेडियन
1^G	1 ग्रेड
1^D	1 डिग्री
1^0	1 अंश
$1'$	1 मिनट
$1''$	1 सेकेंड
π	पाई
D_f	फलन f का प्रान्त

प्रतीक	विवरण
R_f	फलन f का परिसर
$x \to a$	x, a की ओर अग्रसर है
$\cup$	संघ
$\cap$	सर्वनिष्ठ
$\subset$	उपसमुच्चय
$\in$	के अंतर्गत आता है
$[a, b]$	संवृत अंतराल
(a, b)	विवृत अंतराल
$[a, b)$	संवृत - विवृत अंतराल
$(a, b]$	विवृत - संवृत अंतराल
ϕ	रिक्त समुच्चय
$[x]$	सबसे बड़ा पूर्णांक
$\frac{d}{dx}(y) = \frac{dy}{dx}$	y का x के सापेक्ष अवकलज
i	आयोटा
$\bar{z}$	Z का संयुग्म
$\|z\|$	Z का मापांक
Re (z)	Z का वास्तविक भाग
Im(z)	Z का काल्पनिक भाग
arg(z)	Z का कोणांक
amp(z)	Z का आयाम
$cis\theta$	$\cos\theta + i\sin\theta$
$n!$	n क्रमगुणित या क्रमगुणित n
${}^nP_r$	n के क्रमचययों की संख्या जब एक बार में r विभिन्न वस्तुऐ ली गई है
${}^nC_r$	n के संचयों की संख्या जब एक बार में r विभिन्न वस्तुऐ ली गई है

चित्र सूची

तालिका सूची

शिक्षकों के लिए दिशानिर्देश

परिणाम आधारित शिक्षा (OBE) को लागू करने के लिए विद्यार्थियों के ज्ञान स्तर और कौशल को बढ़ाया जाना चाहिए। OBE के उचित कार्यान्वयन के लिए शिक्षकों को एक बड़ी जिम्मेदारी लेनी चाहिए। इस पाठ्यक्रम में विभिन्न परिणामों की प्राप्ति में तेजी लाने के लिए शिक्षकों को विशेष निर्देशात्मक रणनीतियों का उपयोग करने का सुझाव दिया जाता है। परिणाम आधारित शिक्षा प्रणाली में शिक्षकों के असीमित उत्तरदायित्वों में से कुछ निम्न प्रकार के हो सकते है:

- यथोचित प्रतिबंधो के अंतर्गत, सभी विद्यार्थियों के सर्वोत्तम लाभ के लिए उन्हें युक्तिपूर्ण तरीके से समय का प्रबंधन करना चाहिए।
- विभिन्न विषयों/उपविषयों को पढ़ाने के लिए बड़े पैमाने पर खुले ऑनलाइन पाठ्यक्रम (एमओओसी) का उपयोग किया जा सकता है।
- परिणामों को विकसित करने के लिए विभिन्न प्रकार की शिक्षण विधियों और मीडिया को नियोजित किया जा सकता है।
- लगभग 10-15% विषय/उप-विषय जो अपेक्षाकृत सरल या वर्णनात्मक प्रकृति के हैं, उनको विद्यार्थियों को स्व-निर्देशित सीखने के लिए दिया जाना चाहिए और उनके यूनिट/कोर्स आउटकम्स के विकास का आकलन कक्षा प्रस्तुतियों के माध्यम से करना चाहिए।
- उन्हें विद्यार्थियों का आकलन किसी भेदभाव या अन्य संभावित अपात्रता पर विचार किए बिना केवल कुछ निश्चित मानदंडों के आधार पर ही करना चाहिए।
- सूक्ष्म परियोजनाओं को शुरू करने में विद्यार्थियों का मार्गदर्शन करना।
- उन्हें विद्यार्थियों के संस्थान छोड़ने के पूर्व उनकी सीखने की क्षमता को एक निश्चित स्तर तक बढ़ाने का प्रयास करना चाहिए।
- आईसीटी आधारित शिक्षा और शिक्षण (वीडियो प्रदर्शन, ब्लॉग, फेसबुक, मोबाइल शिक्षण) का उपयोग करना।
- शिक्षकों को सह-पाठ्यचर्या संबंधी गतिविधियों के लिए अवसर और प्रावधान बनाना सुनिश्चित करने की आवश्यकता है।
- उन्हें विद्यार्थियों को उनकी श्रेष्ठ प्रदर्शन करने की क्षमताओं को विकसित करने के लिए हमेशा प्रोत्साहित करना चाहिए।
- उन्हें नए दृष्टिकोण को सुदृढ़ करने के लिए सामूहिक एवं दलगत रूप में कार्य करने के लिए सुविधा एवं प्रोत्साहन देना चाहिए।
- उन्हें आकलन के प्रत्येक चरण में ब्लूम्स टैक्सोनॉमी का पालन करना चाहिए।

ब्लूम्स टैक्सोनॉमी

स्तर	शिक्षक को जाँचना चाहिए	विद्यार्थी को सक्षम होना चाहिए	आकलन का संभावित तरीका
सृजन Creating	विद्यार्थियों की सृजन क्षमता	डिजाइन या सृजन	लघु परियोजना
मूल्यांकन Evaluating	विद्यार्थियों की तर्क एवं मूल्यांकन की क्षमता	तर्क या प्रतिरक्षा	निर्दिष्ट कार्य
विश्लेषण Analyzing	विद्यार्थियों की विश्लेषण क्षमता	पृथक करना या भेद करना	परियोजना एवं प्रयोगशाला पद्धति
अनुप्रयोग Applying	विद्यार्थियों में जानकारी के उपयोग की क्षमता	प्रचालन/प्रदर्शन	तकनीकी प्रस्तुति/प्रदर्शन
समझ Understanding	विद्यार्थियों में विचारों की व्याख्या करने की क्षमता	व्याख्या या वर्गीकरण	प्रस्तुति/संगोष्ठी
स्मरण Remembering	विद्यार्थियों की याद करने की क्षमता (या याद रखना)	परिभाषित या याद करना	प्रश्नोत्तरी

विद्यार्थियों के लिए दिशानिर्देश

विद्यार्थियों को परिणाम आधारित शिक्षा (OBE) को लागू करने के लिए समान जिम्मेदारी लेनी चाहिए। कक्षा में सीखने के अलावा, सुझाए गए छात्र-संबंधित सह-पाठयक्रम गतिविधियाँ निम्नलिखित हैं जिन्हें इस पाठ्यक्रम में विभिन्न परिणामों की प्राप्ति में तेजी लाने के लिए उपयोग किया जा सकता है। परिणाम आधारित शिक्षा प्रणाली में विद्यार्थियों के लिए असीमित जिम्मेदारियों में से कुछ इस प्रकार हैं:

- प्रत्येक पाठ्यक्रम में यूनिट शुरू होने से पहले विद्यार्थियों को प्रत्येक UO के बारे में अच्छी तरह से अवगत होना चाहिए।
- पाठ्यक्रम शुरू होने से पहले विद्यार्थियों को प्रत्येक CO के बारे में अच्छी तरह से अवगत होना चाहिए।
- पाठ्यक्रम शुरू होने से पहले विद्यार्थियों को प्रत्येक PO के बारे में अच्छी तरह से अवगत होना चाहिए।
- विद्यार्थियों को उचित चिंतन और क्रिया के साथ आलोचनात्मक और तर्कसंगत रूप से सोचना चाहिए।
- इंटरनेट पर उपलब्ध मुफ्त ट्यूटोरियल का उपयोग करके वास्तविक दुनिया की समस्याओं पर आधारित, इकाई की सामग्री विद्यार्थियों को सीखना चाहिए।
- विद्यार्थियों के सीखने को व्यावहारिक और दैनिक जीवन के परिणामों के साथ सम्बद्ध और एकीकृत किया जाना चाहिए।
- विद्यार्थियों को परिणाम आधारित शिक्षा के प्रत्येक स्तर पर अपनी योग्यता से अच्छी तरह अवगत होना चाहिए।

विषय-सूची

1 त्रिकोणमिति

यूनिट विशिष्ट

इस इकाई में निम्नलिखित विषयों पर विस्तार से चर्चा की गई है:

- कोणों की अवधारणा
- डिग्री में कोणों का मापन
- ग्रेड, रेडियन और उनके रूपांतरण
- संबद्ध कोणों का त्रिकोणमितीय-अनुपात (बिना प्रमाण के)

आगे जिज्ञासा और रचनात्मकता पैदा करने के साथ-साथ समस्या समाधान क्षमता में सुधार के लिए अनुप्रयोग-आधारित समस्याओं पर चर्चा की गई है।

बड़ी संख्या में बहुविकल्पीय प्रश्नों के साथ-साथ ब्लूम के वर्गीकरण के निम्न और उच्च क्रम के अनुसार दो श्रेणियों में चिह्नित लघु और दीर्घ उत्तरीय प्रश्न, कई संख्यात्मक समस्याओं के माध्यम से अभ्यास सामग्री, संदर्भों की एक सूची और अध्ययन सामग्री इकाई में सुझाई गई हैं, जिससे उनके माध्यम से अभ्यास किया जा सके।

सामग्री के आधार पर, 'अधिक जानिए' खंड जोड़ा गया है। इस खंड को सोच समझकर बनाया गया है ताकि इस भाग में दी गई पूरक जानकारी पुस्तक के उपयोगकर्ताओं के लिए फायदेमंद हो।यह खंड मुख्य रूप से त्रिकोणमिति के बारे में कुछ दिलचस्प तथ्यों से संबंधित शिक्षण और सीखने, मुख्य अवलोकनों पर ध्यान केंद्रित करने वाले विषय के विकास का इतिहास, छात्रों को त्रिकोणमिति सिखाने में कठिनाई के संभावित कारण, त्रिकोणमिति का अध्ययन करने की आवश्यकता, शिक्षा का क्षेत्र जिसमें त्रिकोणमिति का उपयोग किया जाता है, त्रिकोणमिति सीखने के सबसे आसान तरीकों आदि पर प्रकाश डालता है।

दूसरी ओर, सुझाई गई सूक्ष्म परियोजनाएँ और बुद्धिशीलता के लिए प्रश्न, इकाई में शामिल विषयों के लिए जिज्ञासा और उत्सुकता पैदा करते हैं।

भूमिका

त्रिकोणमिति मूल रूप से खगोल विज्ञान से संबंधित समस्याओं को हल करने के लिए विकसित की गई थी, परन्तु जल्दी ही यह नेविगेशन तथा अन्य विस्तृत क्षेत्र जैसे, विज्ञान और प्रौद्योगिकी में भी उपयोगी पाई गई। यह बिल्डरों, वास्तुकारों, सर्वेक्षकों और इंजीनियरों के लिए बहुत व्यावहारिक महत्व का है और इसके कई अन्य अनुप्रयोग हैं। सिविल और मैकेनिकल इंजीनियर वस्तुओं पर टार्क और बलों की गणना के लिए त्रिकोणमिति का उपयोग करते हैं। इंजीनियर्स त्रिकोणमिति का उपयोग बलों को क्षैतिज और ऊर्ध्वाधर घटकों में विघटित करने के लिए करते हैं जिनका विश्लेषण किया जा सकता है। विद्युत उत्पादन और कंप्यूटर जैसी चीजो में कोण का उपयोग ऐसे कार्यो के लिए किया जाता है जिन्हे सीधे देखना मुश्किल है, इन कार्यों को सही तरीके से करने के लिए त्रिकोणमिति के मुलभूत नियमों की आवश्यकता होती है। किसी भी समस्या में जहाँ कोण दिखाई देता है, वहां त्रिकोणमिति का उपयोग स्वत: ही करना पड़ता है।

पूर्व अपेक्षित ज्ञान

- पाइथागोरस प्रमेय से परिचित होना।
- सर्वांगसमता और त्रिभुजों की समरूपता का बुनियादी ज्ञान।
- त्रिभुजों, वर्गों और आयतों के मूल गुणों का ज्ञान।
- सरल बीजगणित और समीकरणों के साथ अनुकूलता।
- कैलकुलेटर के उपयोग से परिचित होना।

यूनिट आउटकम्स (UOs)

इस इकाई के परिणामों (यूनिट आउटकम्स) की सूची इस प्रकार है:

U1-O1 : दी गई समस्या (समस्याओं) को हल करने के लिए योग और गुणक सूत्रों की अवधारणा को लागू करना।

U1-O2 : संबंधित समस्या (समस्याओं) को हल करने के लिए उप अपवर्त्य कोण की अवधारणा का उपयोग करना।

U1-O3 : दिए गए त्रिकोणमितीय मानों वाले समीकरणों को हल करना।

U1-O4 : त्रिकोणमितीय फलनों के एक ही प्रकार के लेखाचित्र की पहचान करने के लिए वास्तविक जीवन परिदृश्यों का उपयोग करना।

U1-O5 : त्रिकोणमितीय फलनों के दिए गए लेखाचित्र की ज्यामितीय रूप से व्याख्या करना।

कोर्स आउटकम्स (COs) के साथ यूनिट आउटकम्स (UOs) का परस्पर संबंध। नमूना आव्यूह नीचे दिया गया है:

यूनिट आउटकम्स	कोर्स आउटकम्स (COs) के साथ अपेक्षित संबंध *(1. कमजोर सहसंबंध; 2. मध्यम सहसंबंध; 3. मजबूत सहसंबंध)*						
	CO-1	CO-2	CO-3	CO-4	CO-5	CO-6	CO-7
U1-O1	3	3	-	-	1	1	-
U1-O2	3	2	-	-	1	1	-
U1-O3	3	3	-	-	1	1	-
U1-O4	3	3	-	-	1	1	-
U1-O5	3	3	-	-	-	-	-

1.1 परिचय

कोण किसी दी गई किरण के उसके प्रारंभिक बिंदु के परितः घूर्णन की माप है। मूल किरण को प्रारंभिक छोर कहा जाता है और घूर्णन के बाद किरण की अंतिम स्थिति को कोण का अंतिम छोर कहा जाता है।

घूर्णन बिंदु को शीर्ष कहते हैं। यदि घूर्णन की दिशा वामावर्त है, तो कोण को धनात्मक कहा जाता है, और यदि घूर्णन की दिशा दक्षिणावर्त है, तो कोण ऋणात्मक कहा जाता है।

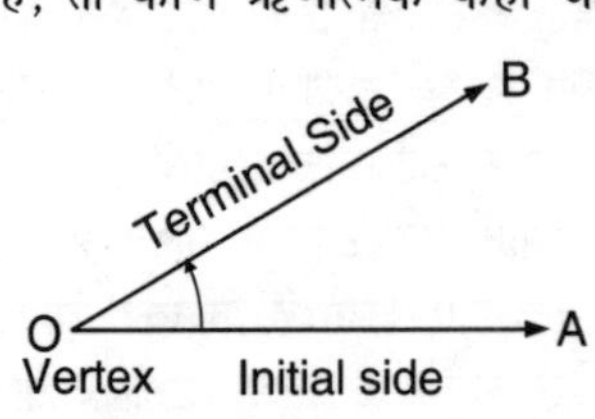

चित्र 1.1: धनात्मक कोण

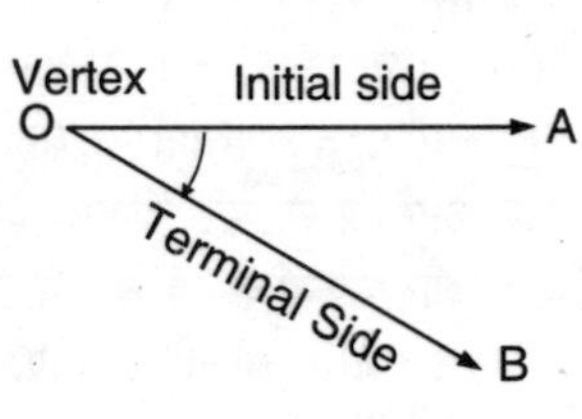

चित्र 1.2: ऋणात्मक कोण

त्रिकोणमिति शब्द दो ग्रीक शब्दों 'ट्रिगोनन' और 'मेट्रॉन' से बना है। 'त्रिकोण' शब्द का अर्थ त्रिभुज है और 'मेट्रॉन' शब्द का अर्थ है, माप। इसलिए त्रिकोणमिति शब्द का अर्थ है, त्रिभुजों के गुणों का अध्ययन। इसमें कोणों और लंबाई की माप शामिल है।

1.1.1 कोणों के माप की प्रणाली

कोणों को मापने के लिए तीन प्रणाली हैं

1. सेक्जाजेसिमल या अंग्रेजी प्रणाली : इसके अंतर्गत,

1 समकोण = 90 डिग्री ($= 90^{\circ}$)

$1^{\circ} = 60$ मिनट्स ($= 60'$)

$1' = 60$ सेकंड ($= 60''$)

2. सेंटेसिमल या फ्रेंच प्रणाली: इसके अंतर्गत,

1 समकोण = 100 ग्रेड्स ($= 100^{G}$)

1 ग्रेड = 100 मिनट्स ($= 100'$)

1 मिनट = 100 सेकंड ($= 100''$)

1.1.2 कोण के मापन की इकाइयाँ

त्रिकोणमिति कोणों की माप पर आधारित है। कोणों के मापन की तीन इकाइयाँ हैं।

(1) डिग्री (2) ग्रेड और (3) रेडियन

1.1.2.1 डिग्री

कोणों को मापने के लिए एक प्रोट्रैक्टर सबसे आम उपकरण है। सबसे सरल प्रोट्रैक्टर में 0° से 180° की डिग्री में ग्रेडेड सेमी-सर्कुलर डिस्क शामिल है। एंगल टूल ऐप केवल एंड्रॉइड यूजर्स के लिए उपलब्ध है।

1.1.2.2 ग्रेड

ग्रेड कोण के मापन की इकाई है। इसे समकोण के सौवें हिस्से के रूप में परिभाषित किया गया है। यानी 90 डिग्री में 100 ग्रेडिएंट होते हैं। त्रिकोणमिति में ग्रेडियन को 'गॉन' के रूप में भी जाना जाता है।

1.1.2.3 रेडियन

इकाई वृत्त के केंद्र पर एक इकाई द्वारा बनाया गया कोण परिधि पर लंबाई के बराबर होता है जिसे एक रेडियन कहा जाता है। इसे 1R द्वारा निरूपित किया जाता है।

1.1.3 कोण के मापन की तीन प्रणालियों के बीच संबंध

मान लीजिए कि D डिग्री की संख्या है, R रेडियन की संख्या है और G कोण θ में ग्रेड की संख्या है, तब

$$\frac{D}{90} = \frac{G}{100} = \frac{2R}{\pi}$$

तालिका 1.1: आंतरिक -रूपांतरण डिग्री-ग्रेड-रेडियन

$x^{G} = \left(\frac{9x}{10}\right)^{D}$	$x^{D} = \left(\frac{10x}{9}\right)^{G}$	$x^{R} = \left(\frac{180x}{\pi}\right)^{D}$
$x^{G} = \left(\frac{\pi x}{200}\right)^{R}$	$x^{D} = \left(\frac{\pi x}{180}\right)^{R}$	$x^{R} = \left(\frac{200x}{\pi}\right)^{G}$

ध्यान देने योग्य महत्वपूर्ण बिंदु:

π का मान लगभग $\frac{22}{7}$ या 3.14 है यह 180 नहीं है

π रेडियन = 180 डिग्री

यह कोण के मापन की तीन इकाइयों के बीच आवश्यक संबंध है।

इस प्रकार, एक रेडियन = $\frac{180^{o}}{\pi} \Rightarrow \pi$ रेडियन = 180°

अर्थात्, 1 रेडियन = $57^{o}17'44.8'' \approx 57^{o}17'45''$.

उदाहरण 1: निम्नलिखित को कोण के माप की शेष दो इकाइयों में परिवर्तित करो।

(i) 30° (ii) 2^{G} (iii) $\left(\frac{\pi}{3}\right)^{R}$

हल: (i) हम जानते है, कि $x^{D} = \left(\frac{10x}{9}\right)^{G}$

$$\therefore \quad 30^{o} = \left(\frac{10\times 30}{9}\right)^{G} = \left(\frac{300}{9}\right)^{G}$$

तथा $$30^{o} = \left(\frac{\pi\times 30}{180}\right)^{R} = \left(\frac{\pi}{6}\right)^{R}$$

(ii) हम जानते है, कि $x^{G} = \left(\frac{9x}{10}\right)^{D}$

$$\therefore \quad 2^{G} = \left(\frac{9\times 2}{10}\right) = (1.8) = 1^{0}\,48'$$

तथा $$x^{G} = \left(\frac{\pi x}{200}\right)^{R}$$

$$\therefore \quad 2^{G} = \left(\frac{\pi\times 2}{200}\right)^{R} = \left(\frac{\pi}{100}\right)^{R}$$

(iii) हम जानते है, कि, $x^R = \left(\frac{200x}{\pi}\right)^G$

$$\therefore \quad \left(\frac{\pi}{3}\right)^R = \left(\frac{200 \times \frac{\pi}{3}}{\pi}\right)^G = \left(\frac{200}{3}\right)^G$$

$$\therefore \quad x^R = \left(\frac{180x}{\pi}\right)^D$$

$$\therefore \quad \left(\frac{\pi}{3}\right)^R = \left(\frac{180 \times \frac{\pi}{3}}{\pi}\right)^D = 60^0$$

उदाहरण 2: $40°20'$ को रेडियन माप में बदलें।

हल: हम जानते हैं कि $180° = \pi$ रेडियन

अत: $40°20' = 40\frac{1}{3}$ डिग्री $= \frac{\pi}{180} \times \frac{121}{3}$ रेडियन $= \frac{121\pi}{540}$ रेडियन

उदाहरण 3: 6 रेडियन को रेडियन माप में बदलें।

हल: हम जानते हैं कि π रेडियन $= 180°$

अत: 6 रेडियन $= \frac{180}{\pi} \times 6 = \frac{1080 \times 7}{22}$ डिग्री $= 343\frac{7}{11}$ डिग्री $= 343 + 7 \times \frac{60}{11}$ मिनट्स [as $1° = 60'$]

$= 343° + 38' + \frac{2}{11}$ मि. $= 343° + 38' + \frac{2}{11} \times 60$ सेकंड $= 343°38'11''$ लगभग

उदाहरण 4: निम्नलिखित में से कौन सा संबंध सही है?

(a) $\sin 1 < \sin 1°$ (b) $\sin 1 > \sin 1°$

(c) $\sin 1 = \sin 1°$ (d) $\frac{\pi}{180} \sin 1 = \sin 1°$

हल: (b) $\sin 1 < \sin 1°$ एक सही संबंध है, जब 1 रेडियन $= 57°$ लगभग। चूंकि $\sin\theta$ का मान $\left[0 \to \frac{\pi}{2}\right]$, के साथ बढ़ता है।

1.2 संबद्ध कोणों का त्रिकोणमितीय अनुपात

दो कोणों को संबद्ध कहा जाता है, जब उनका योग या अंतर या तो शून्य या 90° का गुणज होता है।

तालिका 1.2: संबद्ध कोणों के लिए t-अनुपात

सम्बद्ध कोण / त्रिकोणमितीय अनुपात	$\sin\theta$	$\cos\theta$	$\tan\theta$
$(-\theta)$	$-\sin\theta$	$\cos\theta$	$-\tan\theta$
$(90-\theta)$ or $\left(\frac{\pi}{2}-\theta\right)$	$\cos\theta$	$\sin\theta$	$\cot\theta$
$(90+\theta)$ or $\left(\frac{\pi}{2}+\theta\right)$	$\cos\theta$	$-\sin\theta$	$-\cot\theta$
$(180-\theta)$ or $(\pi-\theta)$	$\sin\theta$	$-\cos\theta$	$-\tan\theta$
$(180+\theta)$ or $(\pi+\theta)$	$-\sin\theta$	$-\cos\theta$	$\tan\theta$
$(270-\theta)$ or $\left(\frac{3\pi}{2}-\theta\right)$	$-\cos\theta$	$-\sin\theta$	$\cot\theta$
$(270+\theta)$ or $\left(\frac{3\pi}{2}+\theta\right)$	$-\cos\theta$	$\sin\theta$	$-\cot\theta$
$(360-\theta)$ or $(2\pi-\theta)$	$-\sin\theta$	$\cos\theta$	$-\tan\theta$
$(360+\theta)$ or $(2\pi+\theta)$	$\sin\theta$	$\cos\theta$	$\tan\theta$

विभिन्न कोणों का त्रिकोणमितीय अनुपात

तालिका 1.3: विभिन्न कोणों के लिए t-अनुपात

θ	0	$\frac{\pi}{6}$	$\frac{\pi}{4}$	$\frac{\pi}{3}$	$\frac{\pi}{2}$	π	$\frac{3\pi}{2}$	2π
$\sin\theta$	0	$\frac{1}{2}$	$\frac{1}{\sqrt{2}}$	$\frac{\sqrt{3}}{2}$	1	0	-1	0
$\cos\theta$	1	$\frac{\sqrt{3}}{2}$	$\frac{1}{\sqrt{2}}$	$\frac{1}{2}$	0	-1	0	1
$\tan\theta$	0	$\frac{1}{\sqrt{3}}$	1	$\sqrt{3}$	∞	0	∞	0

1.2.1 $(-\theta)$ का t-अनुपात

$\sin(-\theta) = -\sin\theta$ $\cos(-\theta) = \cos\theta$

$\tan(-\theta) = -\tan\theta$ $\text{cosec}(-\theta) = -\text{cosec}\theta$

$\sec(-\theta) = \sec\theta$ $\cot(-\theta) = -\cot\theta$

1.2.2 $(90^\circ - \theta)$ का t-अनुपात

$\sin(90^\circ - \theta) = \cos\theta$ $\cos(90^\circ - \theta) = \sin\theta$

$\tan(90^\circ - \theta) = \cot\theta$ $\cot(90^\circ - \theta) = \tan\theta$

$\sec(90^\circ - \theta) = \text{cosec}\theta$ $\text{cosec}(90^\circ - \theta) = \sec\theta$

1.2.3 $(180^\circ - \theta)$ का t-अनुपात

$\sin(180^\circ - \theta) = \sin\theta$ $\qquad$ $\cos(180^\circ - \theta) = -\cos\theta$

$\tan(180^\circ - \theta) = -\tan\theta$ $\qquad$ $\cot(180^\circ - \theta) = -\cot\theta$

$\sec(180^\circ - \theta) = -\sec\theta$ $\qquad$ $\text{cosec}(180^\circ - \theta) = \text{cosec}\theta$

सामान्य तौर पर, संबद्ध कोणों के t-अनुपातों के लिए निम्नलिखित नियमों का उपयोग करते है।

नियम 1: यदि कोण θ (θ एक न्यून कोण है) को 360° (अर्थात $2\pi R$) के गुणज से बढ़ाया या घटाया जाता है, तो कोण का t-अनुपात समान रहता है।

नियम 2: कोण $-\theta, \pi \pm \theta, 2\pi \pm \theta, ...$ के t-अनुपात समान रहते हैं।

नियम 3: कोण $\frac{\pi}{2}\ \theta, \frac{3\pi}{2}\ \theta, \frac{5\pi}{2}\ \theta, ...$ के t-अनुपात नीचे दिए गए अनुसार परिवर्तित होते है

$\sin \leftrightarrow \cos$ (अर्थात् sin, cos में तथा cos, sin में परिवर्तित होते है)

$\tan \leftrightarrow \cot$

$\sec \leftrightarrow \text{cosec}$

नियम 4: दाहिने पक्ष पर चिन्ह लगाने के लिए All STC का उपयोग करें।

"All students Take Care" (All STC), नीचे दिया गया चित्र देखें।

All = सभी t-अनुपात धनात्मक हैं

S – केवल sin और cosec धनात्मक हैं

T – केवल tan और cot धनात्मक है

C – केवल cos और sec धनात्मक है

कुंजी 1: वह चतुर्थांश ज्ञात कीजिए जिसमें दिया गया कोण है।

कुंजी 2: दिए गए t-अनुपातों के चिह्न (धनात्मक या ऋणात्मक) की पहचान करना।

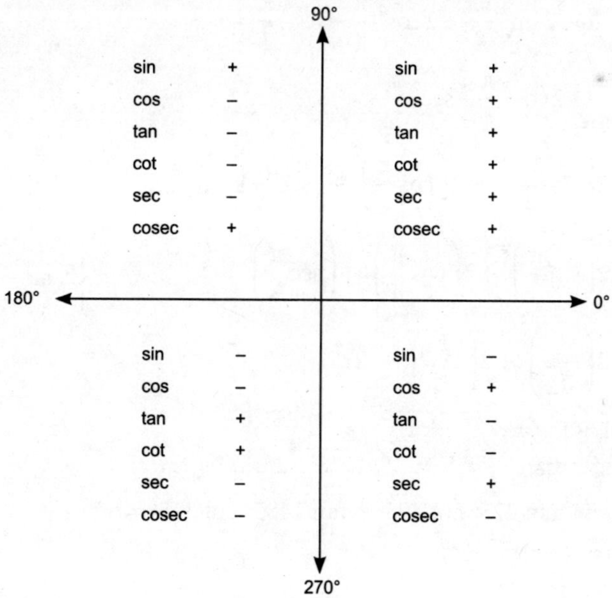

चित्र 1.3: चिन्ह परिपाटी

उदाहरण 5: निम्नलिखित t-अनुपातों के मान ज्ञात कीजिए:

(i) $\sin 480^\circ$ (ii) $\tan(\pi + \theta)$ (iii) $\sec\left(\frac{3\pi}{2} - \theta\right)$

हल: (i) $\sin(480^\circ) = \sin(450^\circ + 30^\circ) = \cos 30^\circ = \frac{\sqrt{3}}{2}$ [2nd चतुर्थांश और $\frac{\pi}{2} + \theta$ रूप

(ii) $\tan(\pi + \theta) = \tan\theta$ [3rd चतुर्थांश और $\pi + \theta$ रूप

(iii) $\sec\left(\frac{3\pi}{2} - \theta\right) = -\operatorname{cosec}\theta$ [3rd चतुर्थांश और $\frac{\pi}{2} - \theta$ रूप

उदाहरण 6: निम्नलिखित t-अनुपात का मान ज्ञात कीजिए:

(i) $\operatorname{cosec}^2\left(\frac{7\pi}{6}\right)$ (ii) $\cot\left(\frac{5\pi}{6}\right)$

हल: (i)
$$\operatorname{cosec}^2\frac{7\pi}{6} = \left[\operatorname{cosec}\frac{7\pi}{6}\right]^2$$
$$= \left[\operatorname{cosec}\left(\pi + \frac{\pi}{6}\right)\right]^2 = \left[\operatorname{cosec}\frac{\pi}{6}\right]^2$$
$$= \left[-\frac{1}{2}\right] = \frac{1}{4}$$

(ii)
$$\cot\frac{5\pi}{6} = \cot\left(\pi - \frac{\pi}{6}\right)$$
$$= \cot\frac{\pi}{6} = -\sqrt{3}$$

उदाहरण 7: सिद्ध कीजिए कि $2\sin^2\frac{3\pi}{4} + 2\cos^2\frac{\pi}{4} + \sec^2\frac{\pi}{3} = 6$

हल: बायां पक्ष. $= 2\sin^2\frac{3\pi}{4} + 2\cos^2\frac{\pi}{4} + \sec^2\frac{\pi}{3}$
$$= 2\left(\sin\frac{3\pi}{4}\right)^2 + 2\left(\cos\frac{\pi}{4}\right)^2 + \left(\sec\frac{\pi}{3}\right)^2$$
$$= 2\left(\sin\frac{\pi}{4}\right)^2 + 2\left(\cos\frac{\pi}{4}\right)^2 + \left(\sec\frac{\pi}{3}\right)^2 \qquad \left\{\therefore \sin\frac{\pi}{4} = \sin\left(\pi - \frac{\pi}{4}\right) = \sin\frac{\pi}{4}\right.$$
$$= 2\left(\frac{1}{\sqrt{2}}\right)^2 + 2\left(\frac{1}{\sqrt{2}}\right)^2 + (2)^2$$
$= 1 + 1 + 4$

= दायां पक्ष

उदाहरण 8: सिद्ध कीजिए कि $\tan 225^\circ \cot 405^\circ + \tan 1485^\circ \cot 315^\circ = 0$

हल: $\tan 225^\circ = \tan(180^\circ + 45^\circ)$

$= \tan 45^\circ$ $\{\therefore$ 3rd चतुर्थांश और $\pi + \theta$ रूप

$= 1$

इसी प्रकार, $\cot 405° = \cot (360° + 45°)$

$= \cot 45° = 1$

$\tan 1485° = \tan (1440° + 45°)$ $\{1440° = 4 \times 360°)$

$= \tan 45° = 1$

$\cot 315° = \cot (270° + 45°)$

$= -\tan 45°$

$= -1$

बायां पक्ष $= \tan 225° \cot 405° + \tan 1485° \cot 315°$

$= (1)(1) + (1)(-1)$

$= 1 - 1 = 0 =$ दायां पक्ष

उदाहरण 9: सिद्ध कीजिए कि

$$\frac{\sin\left(\theta-\frac{\pi}{2}\right)}{\cos(\pi-\theta)}+\frac{\tan\left(\frac{\pi}{2}-\theta\right)}{\cot(\pi+\theta)}+\frac{\text{cosec}\left(\frac{\pi}{2}+\theta\right)}{\sec(2\pi-\theta)}=3$$

हल: $\sin\left(\theta-\frac{\pi}{2}\right) = \sin\left[-\left(\frac{\pi}{2}-\theta\right)\right]$

$= -\sin\left(\frac{\pi}{2}-\theta\right)$ $\{\because \sin(-\theta) = -\sin\theta$

$= -\cos\theta$

$\cos(\pi - \theta) = -\cos\theta,$ $\tan\frac{\pi}{2}-\theta = \cot\theta,$ $\cot(\pi + \theta) = \cot\theta$

$\text{cosec}\frac{\pi}{2}+\theta = \sec\theta,$ $\sec(2\pi - \theta) = \sec\theta$

अब, बायां पक्ष $= \frac{\sin\left(\theta-\frac{\pi}{2}\right)}{\cos(\pi-\theta)}+\frac{\tan\left(\frac{\pi}{2}-\theta\right)}{\cot(\pi+\theta)}+\frac{\text{cosec}\left(\frac{\pi}{2}+\theta\right)}{\sec(2\pi-\theta)}$

$= \frac{-\cos\theta}{-\cos\theta}+\frac{\cot\theta}{\cot\theta}+\frac{\sec\theta}{\sec\theta}$

$= 1 + 1 + 1 = 3 =$ दायां पक्ष

उदाहरण 10: ΔPQR के लिये सिद्ध कीजिए कि

$\sin(Q + R) = \sin P$

हल: हम जानते हैं कि, ΔPQR के लिये

$m\angle P + m\angle Q + m\angle R = 180° = \pi$

$\therefore$ बायां पक्ष $= \sin(Q + R)$

$= \sin(\pi - P)$

$= \sin P$

$=$ दायां पक्ष

1.3 योग और अंतर सूत्र और उनके अनुप्रयोग

1.3.1 योग और अंतर सूत्र

योग सूत्र एक प्रकार का सूत्र है जो कोणों के योग के t-अनुपात को सरल बनाने में मदद करता है। त्रिकोणमिति में किसी समस्या को हल करने में मुख्य बाधा उस समस्या को सरल रूप (जिसे आसानी से हल किया जा सके) में परिवर्तन करना हैं। इस स्थिति को हल करने के लिए योग और अंतर सूत्र महत्वपूर्ण भूमिका निभाते हैं।

1.3.2 दो कोणों के योग और अंतर के त्रिकोणमितीय अनुपातों के सूत्र

1. $\sin(A+B) = \sin A \cos B + \cos A \sin B$
2. $\sin(A-B) = \sin A \cos B - \cos A \sin B$
3. $\cos(A+B) = \cos A \cos B - \sin A \sin B$
4. $\cos(A-B) = \cos A \cos B + \sin A \sin B$
5. $\tan(A+B) = \dfrac{\tan A + \tan B}{1 - \tan A \tan B}$
6. $\tan(A-B) = \dfrac{\tan A - \tan B}{1 + \tan A \tan B}$
7. $\cot(A+B) = \dfrac{\cot A \cot B - 1}{\cot A + \cot B}$
8. $\cot(A-B) = \dfrac{\cot A \cot B + 1}{\cot B - \cot A}$
9. $\sin(A+B)\sin(A-B) = \sin^2 A - \sin^2 B = \cos^2 B - \cos^2 A$
10. $\cos(A+B)\cos(A-B) = \cos^2 A - \sin^2 B = \cos^2 B - \sin^2 A$

1.3.3 योग-अंतर सूत्र के अनुप्रयोग

उदाहरण 11: मान ज्ञात करो $\sin 75^\circ$

हल: हम जानते हैं कि, $\sin(A+B) = \sin A \,.\, \cos B + \cos A \,.\, \sin B$

$$\therefore \quad \sin 75^\circ = \sin(45^\circ + 30^\circ)$$

$$= \sin 45^\circ \,.\, \cos 30^\circ + \cos 45^\circ \,.\, \sin 30^\circ$$

$$= \frac{1}{\sqrt{2}} . \frac{\sqrt{3}}{2} + \frac{1}{\sqrt{2}} . \frac{1}{2}$$

$$= \frac{1}{\sqrt{2}} \quad \frac{\sqrt{3}}{2} + \frac{1}{2} \quad = \frac{1}{\sqrt{2}} \quad \frac{\sqrt{3}+1}{2}$$

$$= \frac{1}{\sqrt{2}} \times \frac{\sqrt{2}}{\sqrt{2}} \left(\frac{\sqrt{3}+1}{2} \right)$$

$$= \frac{\sqrt{2}}{2} \left(\frac{\sqrt{3}+1}{2} \right) = \frac{\sqrt{6}+\sqrt{2}}{4}$$ [परिमेयकरण

उदाहरण 12: मान ज्ञात कीजिए $\tan 15^\circ$

हल: हम जानते हैं कि, $\tan(A - B) = \dfrac{\tan A - \tan B}{1 + \tan A \tan B}$

$$\therefore \quad \tan 15^\circ = \tan(45^\circ - 30^\circ)$$

$$= \frac{1 - \frac{1}{\sqrt{3}}}{\sqrt{3}+1} \times \frac{\sqrt{3}-1}{\sqrt{3}-1} = \frac{3 - 2\sqrt{3} + 1}{3-1}$$

$$= \frac{4 - 2\sqrt{3}}{2} = 2 - \sqrt{3}$$

उदाहरण 13: सिद्ध कीजिए कि $\tan 57^\circ = \dfrac{\cos 12^\circ + \sin 12^\circ}{\cos 12^\circ - \sin 12^\circ}$

हल: बायां पक्ष = $\tan 57^\circ = \tan(45^\circ + 12^\circ)$

$$= \frac{\tan 45^\circ + \tan 12^\circ}{1 - \tan 45^\circ \tan 12^\circ}$$

$$= \frac{1 + \tan 12^\circ}{1 - \tan 12^\circ} = \frac{1 + \frac{\sin 12^\circ}{\cos 12^\circ}}{1 - \frac{\sin 12^\circ}{\cos 12^\circ}}$$

$$= \frac{\cos 12^\circ + \sin 12^\circ}{\cos 12^\circ - \sin 12^\circ} = \text{दायां पक्ष}$$

उदाहरण 14: सिद्ध कीजिए कि : $\tan 50^\circ = \tan 45^\circ$

हल: $\tan 50^\circ = \tan(40^\circ + 10^\circ)$

$\therefore \quad \tan 50^\circ - \tan 50^\circ \tan 40^\circ \tan 10^\circ = \tan 40^\circ + \tan 10^\circ$

$\therefore \quad \tan 50^\circ - \cot 40^\circ \tan 40^\circ \tan 10^\circ = \tan 40^\circ + \tan 10^\circ$

$\left\{\tan\left(\dfrac{\pi}{2} - \theta\right) = \cot\theta\right.$

$\therefore \quad \tan 50^\circ - \tan 10^\circ = \tan 40^\circ + \tan 10^\circ$ $\quad (\therefore \tan\theta . \cot\theta = 1$

$\therefore \quad \tan 50^\circ = \tan 40^\circ + 2\tan 10^\circ$

अत: सिद्ध हुआ।

उदाहरण 15: मान ज्ञात कीजिये $\cos^2\left(\dfrac{\pi}{4} + x\right) - \sin^2\left(\dfrac{\pi}{4} - x\right)$

हल: $\cos^2 A - \sin^2 B = \cos(A + B).\cos(A - B)$ $\quad$ {कैसे?

$$\therefore \quad \cos^2\left(\frac{\pi}{4} + x\right) - \sin^2\left(\frac{\pi}{4} - x\right) = \cos\left[\frac{\pi}{4} + x + \frac{\pi}{4} - x\right].\cos\left[\frac{\pi}{4} + x - \frac{\pi}{4} + x\right]$$

$$= \cos\left[\frac{2\pi}{4}\right].\cos[2x] = \cos\frac{\pi}{2}.\cos(2x) = 0 . \cos 2x = 0$$

1.3.4 गुणनफल सूत्रों के अनुप्रयोग

योग से गुणनफल के त्रिकोणमितीय सूत्र, किसी त्रिकोणमितीय व्यंजक को योग से गुणनफल में परिवर्तित करके संक्षिप्त करने में बहुत सहायक हो सकते हैं।

1.3.4.1 योग या अंतर को गुणनफल में बदलने के सूत्र

इसलिए, हम योग या अंतर को गुणनफल में बदलने के लिए सूत्रों का अध्ययन करते हैं।

तालिका 1.4: योग (या अंतर) से गुणन सूत्र

$\sin C + \sin D = 2\sin\frac{C+D}{2}\cos\frac{C-D}{2}$	$\sin C - \sin D = 2\cos\frac{C+D}{2}\sin\frac{C-D}{2}$
$\cos C + \cos D = 2\cos\frac{C+D}{2}\cos\frac{C-D}{2}$	$\cos C - \cos D = -2\sin\frac{C+D}{2}\sin\frac{C-D}{2}$ या $\cos C - \cos D = 2\sin\frac{D+C}{2}\sin\frac{D-C}{2}$

उदाहरण 16: सिद्ध कीजिए कि: $\sin 65^\circ + \cos 65^\circ = \sqrt{2}\cos 20^\circ$

हल: बायां पक्ष $= \sin 65^\circ + \cos 65^\circ$

$$= \sin 65^\circ + \sin 25^\circ \qquad \{\because \cos 65^\circ = \cos(90^\circ - 25^\circ) = \sin 25^\circ$$

$$= 2\sin\frac{65^\circ + 25^\circ}{2}.\cos\frac{65^\circ - 25}{2}$$

$$= 2\sin 45^\circ.\cos 20^\circ$$

$$= 2.\frac{1}{\sqrt{2}}.\cos 20^\circ$$

$$= \sqrt{2}\cos 20^\circ = \text{दायां पक्ष}$$

उदाहरण 17: सिद्ध कीजिए कि: $\cot 2\theta + \tan\theta = \operatorname{cosec} 2\theta$

हल: बायां पक्ष $= \cot 2\theta + \tan\theta$

$$= \frac{\cos 2\theta}{\sin 2\theta} + \frac{\sin\theta}{\cos\theta}$$

$$= \frac{\cos 2\theta.\cos\theta + \sin 2\theta.\sin\theta}{\sin 2\theta.\cos\theta}$$

$$= \frac{\cos(2\theta - \theta)}{\sin 2\theta.\cos\theta} \qquad \{\because \cos A.\cos B + \sin A.\sin B = \cos(A - B)\}$$

$$= \frac{\cos\theta}{\sin 2\theta.\cos\theta}$$

$$= \frac{1}{\sin 2\theta}$$

$$= \operatorname{cosec} 2\theta = \text{दायां पक्ष}$$

उदाहरण 18: सिद्ध कीजिए कि: $\frac{\sin(A - B)}{\cos A \cos B} + \frac{\sin(B - C)}{\cos B \cos C} + \frac{\sin(C - A)}{\cos C \cos A} = 0$

हल: पहले हम बायां पक्ष के प्रथम पद को सरल करते हैं

$$\frac{\sin(A-B)}{\cos A \cos B} = \frac{\sin A \cos B - \cos A \sin B}{\cos A \cos B}$$

$$= \frac{\sin A \cos B}{\cos A \cos B} - \frac{\cos A \sin A}{\cos A \cos B} = \tan A - \tan B$$

इसी प्रकार, $\frac{\sin(B-C)}{\cos B \cos C} = \tan B - \tan C$

और $\frac{\sin(C-A)}{\cos C \cos A} = \tan C - \tan A$

अब, बायां पक्ष $= \frac{\sin(A-B)}{\cos A \cos B} + \frac{\sin(B+C)}{\cos B \cos C} + \frac{\sin(C-A)}{\cos C \cos A}$

$= \tan A - \tan B + \tan B - \tan C + \tan C - \tan A$

$= 0 =$ दायां पक्ष

उदाहरण 19: मान ज्ञात कीजिए: $\sin\frac{7\pi}{12}.\cos\frac{\pi}{4} - \cos\frac{7\pi}{12}.\sin\frac{\pi}{4}$

हल: $\sin\frac{7\pi}{12}.\cos\frac{\pi}{4} - \cos\frac{7\pi}{12}.\sin\frac{\pi}{4}$

$$= \sin \frac{7\pi}{12} - \frac{\pi}{4} \qquad \{\therefore \sin A\cos B - \cos A\sin B = \sin(A - B)\}$$

$$= \sin\frac{\pi}{3} = \frac{\sqrt{3}}{2}$$

उदाहरण 20: यदि $3\cot A \cot B = 1$, तब सिद्ध कीजिए कि $\cos(A - B) + 2\cos(A + B) = 0$

हल: दिया गया है, कि, $3\cot A \cot B = 1$

$$\therefore \quad \frac{3\cos A.\cos B}{\sin A.\sin B} = 1$$

$$\therefore \quad \frac{\cos A \cos B}{\sin A \sin B} = \frac{1}{3}$$

$$\therefore \quad \frac{\cos A.\cos B + \sin A.\sin B}{\cos A.\cos B - \sin A.\sin B} = \frac{1+3}{1-3}$$

$$\therefore \quad \frac{\cos(A-B)}{\cos(A+B)} = \frac{4}{-2} = -2$$

$$\therefore \quad \cos(A - B) = -2\cos(A + B)$$

$$\therefore \quad \cos(A - B) + 2\cos(A + B) = 0$$

अतः सिद्ध हुआ।

1.3.4.2 गुणनफल को योग या अंतर में बदलने के सूत्र

गुणनफल से योग या अंतर के त्रिकोणमितीय सूत्र, किसी त्रिकोणमितीय व्यंजक के गुणनफल को योग या अंतर में परिवर्तित करके संक्षिप्त करने में बहुत सहायक हो सकते हैं।

- $2\sin\alpha\cos\beta = \sin(\alpha+\beta) + \sin(\alpha-\beta)$
- $2\cos\alpha\sin\beta = \sin(\alpha+\beta) - \sin(\alpha-\beta)$
- $2\cos\alpha\cos\beta = \cos(\alpha+\beta) + \cos(\alpha-\beta)$
- $-2\sin\alpha\sin\beta = \cos(\alpha+\beta) - \cos(\alpha-\beta)$

या

$2\sin\alpha\sin\beta = \cos(\alpha-\beta) - \cos(\alpha+\beta)$

उपरोक्त सूत्र को याद रखने की संक्षिप्त रूप में कुंजी

तालिका 1.5: गुणनफल से योग के सूत्र को याद रखने का शॉर्टकट

2SC = S + S	2CC = C + C
2CS = S – S	–2SS = C – C

उदाहरण 21: सिद्ध कीजिए कि $\sin 10^\circ \sin 30^\circ \sin 50^\circ \sin 70^\circ = \dfrac{1}{16}$

हल: बायां पक्ष $= \sin 10^\circ \sin 30^\circ \sin 50^\circ \sin 70^\circ$

$$= \frac{1}{2}(\sin 10^\circ \sin 50^\circ \sin 70^\circ)$$

$$= \frac{1}{2} \times \frac{1}{2} \times (2\sin 50^\circ \sin 10^\circ) \times \sin 70^\circ$$

$$= \frac{1}{4}[\cos(50^\circ - 10^\circ) - \cos(50^\circ + 10^\circ)] \times \sin 70^\circ$$

$[\therefore 2\sin\alpha\sin\beta = \cos(\alpha-\beta) - \cos(\alpha+\beta)$

$$= \frac{1}{4} \times [\cos 40^\circ - \cos 60^\circ] \times \sin 70^\circ$$

$$= \frac{1}{4}\left[\cos 40^\circ - \frac{1}{2}\right] \times \sin 70^\circ$$

$$= \frac{1}{4} \times \left[\cos 40^\circ \sin 70^\circ - \frac{1}{2}\sin 70^\circ\right]$$

$$= \frac{1}{4} \times \left[\frac{1}{2}(2\sin 70^\circ . \cos 40^\circ) - \frac{1}{2}\sin 70^\circ\right]$$

$$= \frac{1}{4} \times \left[\frac{1}{2}(\sin[70^\circ + 40^\circ] + \sin[70^\circ - 40^\circ]) - \frac{1}{2}\sin 70^\circ\right]$$

$$= \frac{1}{4} \times \left[\frac{1}{2}\sin 110^\circ + \frac{1}{2}\sin 30^\circ - \frac{1}{2}\sin 70^\circ\right]$$

$$= \frac{1}{4}\times\left[\frac{1}{2}\sin(180^\circ-70^\circ)+\frac{1}{2}\times\frac{1}{2}-\frac{1}{2}\sin 70^\circ\right]$$

$$= \frac{1}{4}\times\left[\frac{1}{2}\sin 70^\circ+\frac{1}{4}-\frac{1}{2}\sin 70^\circ\right]$$

$$= \frac{1}{4}\times\frac{1}{4}=\frac{1}{16} = (\text{दायां पक्ष})$$

उदाहरण 22: सिद्ध कीजिए कि $2\cos\frac{5\pi}{12}.\cos\frac{\pi}{12}=\frac{1}{2}$

हल: बायां पक्ष $= 2\cos\frac{5\pi}{12}.\cos\frac{\pi}{12}$

$$= \cos\left(\frac{5\pi}{12}+\frac{\pi}{12}\right)+\cos\left(\frac{5\pi}{12}-\frac{\pi}{12}\right) \qquad \{\therefore 2CC = C + C$$

$$= \cos\left(\frac{\pi}{2}\right)+\cos\left(\frac{\pi}{3}\right) = 0+\frac{1}{2}=\frac{1}{2}$$

= दायां पक्ष

1.4 अपवर्त्य कोणों और उप-अपवर्त्य कोणों के *t*-अनुपात

$$\left(2A,\ 3A,\ \frac{A}{2}\right)$$

हम जानते हैं कि जब एक ही कोण होता है तो अपवर्त्य और उप- अपवर्त्य कोण के बजाय गणना आसान होती है। अपवर्त्य और उप-अपवर्त्य कोणों के लिए विभिन्न सूत्र (सर्वसमिकाएँ) हैं। ये सर्वसमिकाएँ जटिल त्रिकोणमितीय समीकरणों को हल करने में उपयोगी होती हैं। ये ऋणात्मक कोणों के t-अनुपातों को ज्ञात करने में भी उपयोगी होती हैं। इस खंड में हम अपवर्त्य और उप-अपवर्त्य कोणों के t-अनुपातों का वर्णन करेंगे।

1.4.1 2A का *t*-अनुपात

$$\sin 2A = 2\sin A\cos A = \frac{2\tan A}{1+\tan^2 A}$$

$$\cos 2A = \cos^2 A - \sin^2 A = 2\cos^2 A - 1 = 1 - 2\sin^2 A = \frac{1-\tan^2 A}{1+\tan^2 A}$$

$$\tan 2A = \frac{2\tan A}{1-\tan^2 A},\ \text{जहाँ } A \neq (2n+1)\frac{\pi}{4}$$

1.4.2 3A का *t*-अनुपात

$$\sin 3A = 3\sin A - 4\sin^3 A$$

$$\cos 3A = 4\cos^3 A - 3\cos A$$

$$\tan 3A = \frac{3\tan A-\tan^3 A}{1-3\tan^2 A},\ \text{जहाँ } A \neq (2n+1)\frac{\pi}{6}$$

1.4.3 (A/2) का *t*-अनुपात

तालिका 1.6: (A/2) सूत्रों का *t*-अनुपात

सूत्र
$\sin A = 2\sin\frac{A}{2}\cos\frac{A}{2} = \dfrac{2\tan\frac{A}{2}}{1+\tan^2\frac{A}{2}}$
$\cos A = \cos^2\frac{A}{2} - \sin^2\frac{A}{2} = 2\cos^2\frac{A}{2} - 1 = 1 - 2\sin^2\frac{A}{2} = \dfrac{1-\tan^2\frac{A}{2}}{1+\tan^2\frac{A}{2}}$
$\tan\frac{A}{2} = \sqrt{\dfrac{1-\cos A}{1+\cos A}}$
$\tan A = \dfrac{2\tan\frac{A}{2}}{1-\tan^2\frac{A}{2}}$
$\tan\frac{A}{2} = \dfrac{\sqrt{\tan^2 A+1}-1}{\tan A} = \tan\frac{A}{2} = \sqrt{\dfrac{1-\cos A}{1+\cos A}}$
$\cot\frac{A}{2} = \sqrt{\dfrac{1+\cos A}{1-\cos A}}$

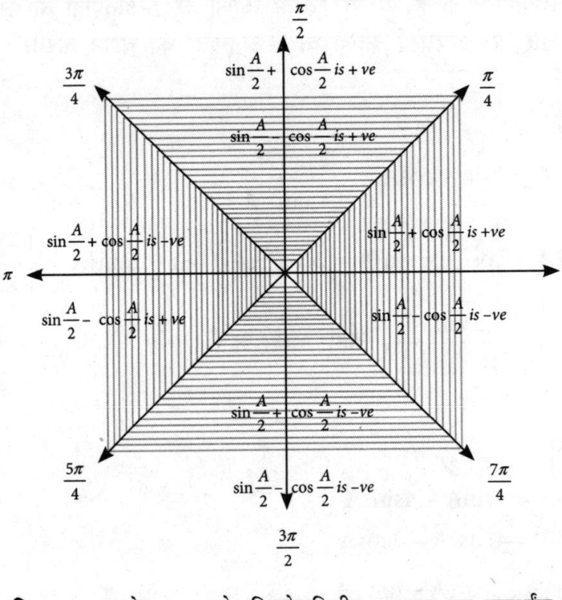

चित्र 1.4: कोण A/2 के त्रिकोणमितीय अनुपात का चतुर्थांश

उदाहरण 23: सिद्ध कीजिए कि $\frac{\sin 2\theta}{1+\cos 2\theta} = \tan\theta$

हलः बायां पक्ष $= \frac{\sin 2\theta}{1+\cos 2\theta}$

$$= \frac{2\sin\theta\cos\theta}{1+2\cos^2\theta-1}$$

$$= \frac{2\sin\theta\cos\theta}{2\cos^2\theta} = \frac{\sin\theta}{\cos\theta}$$

$= \tan\theta =$ दायाँ पक्ष

उदाहरण 24: सिद्ध कीजिए कि $\frac{1+\sin 2\theta}{1-\sin 2\theta} = \tan^2\left(\frac{\pi}{4}+\theta\right)$

हलः बायां पक्ष $= \frac{1+\sin 2\theta}{1-\sin 2\theta}$

$$= \frac{1+\frac{2\tan\theta}{1+\tan^2\theta}}{1-\frac{2\tan\theta}{1+\tan^2\theta}}$$

$$= \frac{\frac{1+\tan^2\theta+2\tan\theta}{1+\tan^2\theta}}{\frac{1+\tan^2\theta-2\tan\theta}{1+\tan^2\theta}}$$

$$= \frac{1+\tan^2\theta+2\tan\theta}{1+\tan^2\theta-2\tan\theta}$$

$$= \frac{(1+\tan\theta)^2}{(1-\tan\theta)^2} = \left(\frac{1+\tan\theta}{1-\tan\theta}\right)^2$$

$$= \left[\tan\left(\frac{\pi}{4}+\theta\right)\right]^2$$

$$= \tan^2\left(\frac{\pi}{4}+\theta\right)$$

= दायाँ पक्ष

उदाहरण 25: सिद्ध कीजिए कि

$$\frac{1+\sin 2A - \cos 2A}{1+\sin 2A+\cos 2A} = \tan A$$

हल: बायां पक्ष $= \dfrac{1+\sin 2A-\cos 2A}{1+\sin 2A+\cos 2A}$

$$= \frac{1+2\sin A\cos A-(1-2\sin^2 A)}{1+2\sin A\cos A+(2\cos^2 A-1)}$$

$$= \frac{1+2\sin A\cos A - 1+2\sin^2 A}{1+2\sin A\cos A+2\cos^2 A - 1}$$

$$= \frac{2\sin A\cos A+2\sin^2 A}{2\sin A\cos A+2\cos^2 A}$$

$$= \frac{2\sin A(\cos A+\sin A)}{2\cos A(\sin A+\cos A)}$$

$$= \frac{\sin A}{\cos A}$$

$= \tan A =$ दायाँ पक्ष

उदाहरण 26: सिद्ध कीजिए कि $\dfrac{\sin 3\theta - \sin\theta}{\cos 3\theta+\cos\theta} = \tan\theta$

हल: बायां पक्ष $= \dfrac{\sin 3\theta - \sin\theta}{\cos 3\theta+\cos\theta}$

$$= \frac{3\sin\theta - 4\sin^3\theta - \sin\theta}{4\cos^3\theta - 3\cos\theta+\cos\theta}$$

$$= \frac{2\sin\theta-4\sin^3\theta}{4\cos^3\theta-2\cos\theta}$$

$$= \frac{2\sin\theta(1-2\sin^2\theta)}{2\cos\theta(2\cos^2\theta-1)}$$

$$= \frac{2\sin\theta\cos 2\theta}{2\cos\theta\cos 2\theta} = \frac{\sin\theta}{\cos\theta}$$

$= \tan\theta =$ दायाँ पक्ष

उदाहरण 27: सिद्ध कीजिए कि $\cos 6A = 32\cos^6 A - 48\cos^4 A + 18\cos^2 A - 1$

हल: बायां पक्ष $= \cos 6A$

$= 2\cos^2 3A - 1$ $\quad (\therefore \cos 2A = 2\cos^2 A - 1)$

$= 2(4\cos^3 A - 3\cos A)^2 - 1$

$$= 2(16\cos^6 A - 24\cos^4 A + 9\cos^2 A) - 1$$

$$= 32\cos^6 A - 48\cos^4 A + 18\cos^2 A - 1$$

= दायाँ पक्ष

1.5 फलनो का लेखाचित्र

$$\sin x, \cos x, \tan x, e^x$$

फलनो का लेखाचित्र अक्सर फलनो के प्रतिरूप के संबंध को देखने और फलन के लिए गणितीय व्यंजक में बदलाव करने का एक उपयोगी तरीका होता है जो फलन के गुणों पर प्रकाश डाल सकता है। व्यंजको के रूप में प्रस्तुत फलन कई महत्वपूर्ण घटनाओं का प्रतिरूपण कर सकता हैं।

कई अलग-अलग प्राकृतिक और यांत्रिक घटनाओं (आबादी, लहरें, इंजन, ध्वनिकी, इलेक्ट्रॉनिक्स, यूवी तीव्रता, पौधों की वृद्धि, आदि) के प्रतिरूपण के लिए ग्राफ का उपयोग किया जाता है। इस अध्याय में त्रिकोणमितीय लेखाचित्र आवर्ती हैं, जिसका अर्थ है कि आकार एक निश्चित समय के बाद खुद को दोहराता है।

(अ) Sine (ज्या) फलन:

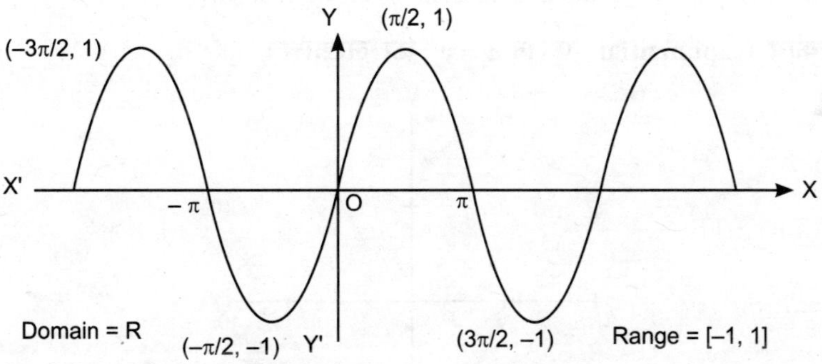

चित्र 1.5: Sine फलन का लेखाचित्र

(ब) Cosine (कोज्या) फलन:

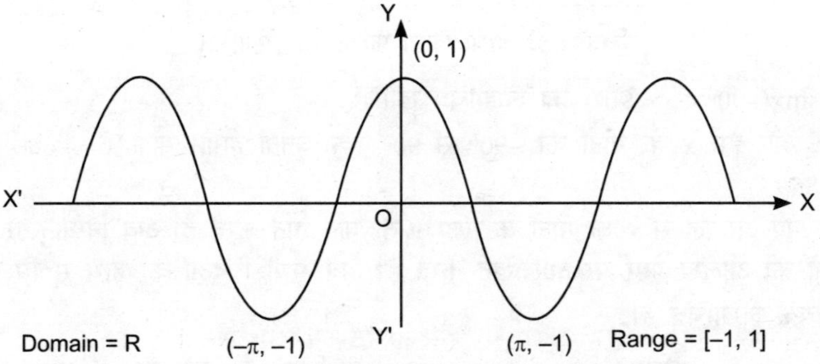

चित्र 1.6: Cosine फलन का लेखाचित्र

(स) Tangent (स्पर्शज्या) फलन:

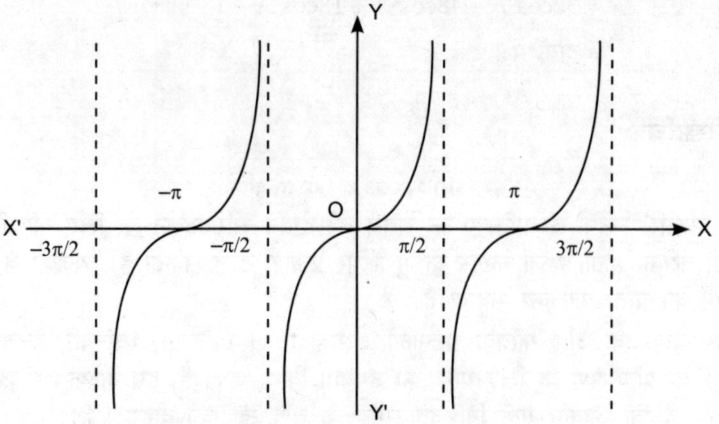

प्रांत = R – {(2n+1) π/2|n ∈ I}, परिसर = R

चित्र 1.7: Tangent फलन का लेखाचित्र

(द) चरघातांकीय (exponential) फलन $y = e^x$ का लेखाचित्र

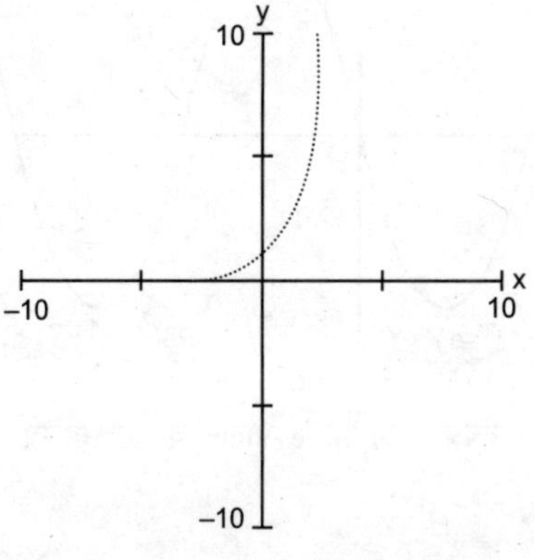

चित्र 1.8: चरघातांकीय फलन का लेखाचित्र

उदाहरण 28: $y = \sin x(-90^o < x < 90^o)$ का लेखाचित्र खींचिए।

हल: यहाँ $y = \sin x$, और हमें x के मानों को -90° से 90° तक चुनना होगा। माना $x = -60^o$ तब $y = \sin(-60^o) = -\sin(60^o) = -0.86$,

इसी प्रकार दिए गए अंतराल से x के मानों के लिए y के मान ज्ञात करते है। अब निम्नानुसार एक तालिका तैयार करते है, और बिंदुओं को आलेख पेपर पर आलेखित करते है। अब सभी बिंदुओं को हाथ से मिला लेते है।

यह एक आवश्यक लेखाचित्र है।

तालिका 1.7: $(-90^o < x < 90^o)$ के लिए $\sin x$ का मान

X	-60°	-30°	0°	30°	60°
$\sin x$	−0.86	−0.5	0	0.5	0.86

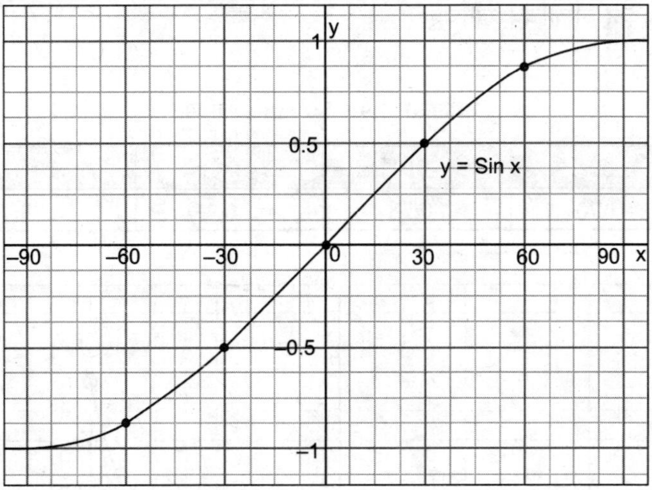

चित्र 1.9: ($-90^o < x < 90^o$) के लिए $\sin x$ का लेखाचित्र

उदाहरण 29: $y = 3\cos 2x\left(-\dfrac{\pi}{4} \le x \le \dfrac{\pi}{4}\right)$ का लेखाचित्र खींचिए।

हल:

तालिका 1.8: ($-\pi/4 \le x \le \pi/4$) के लिए $y = 3\cos 2x$ का मान

X	–45°	–30°	0°	30°	45°
$y = 3\cos 2x$	0	–1.5	3	1.5	0

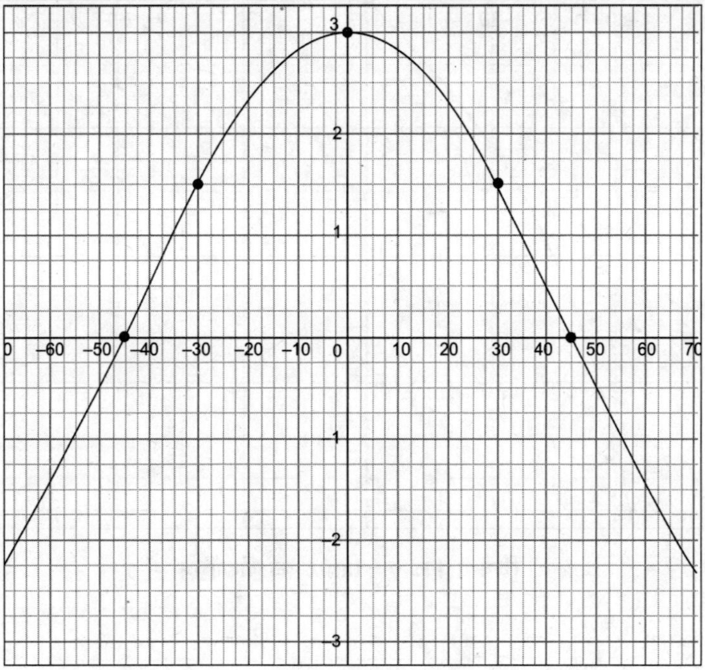

चित्र 1.10: ($-\pi/4 \le x \le \pi/4$) के लिए $y = 3\cos 2x$ का लेखाचित्र

उदाहरण 30: $y = \tan x$ का लेखाचित्र खींचिए।

हल:

तालिका 1.9: $y = \tan x$ के मान

X	-60°	-30°	0°	30°	60°
tan$x$	−1.73	−0.58	0	0.58	1.73

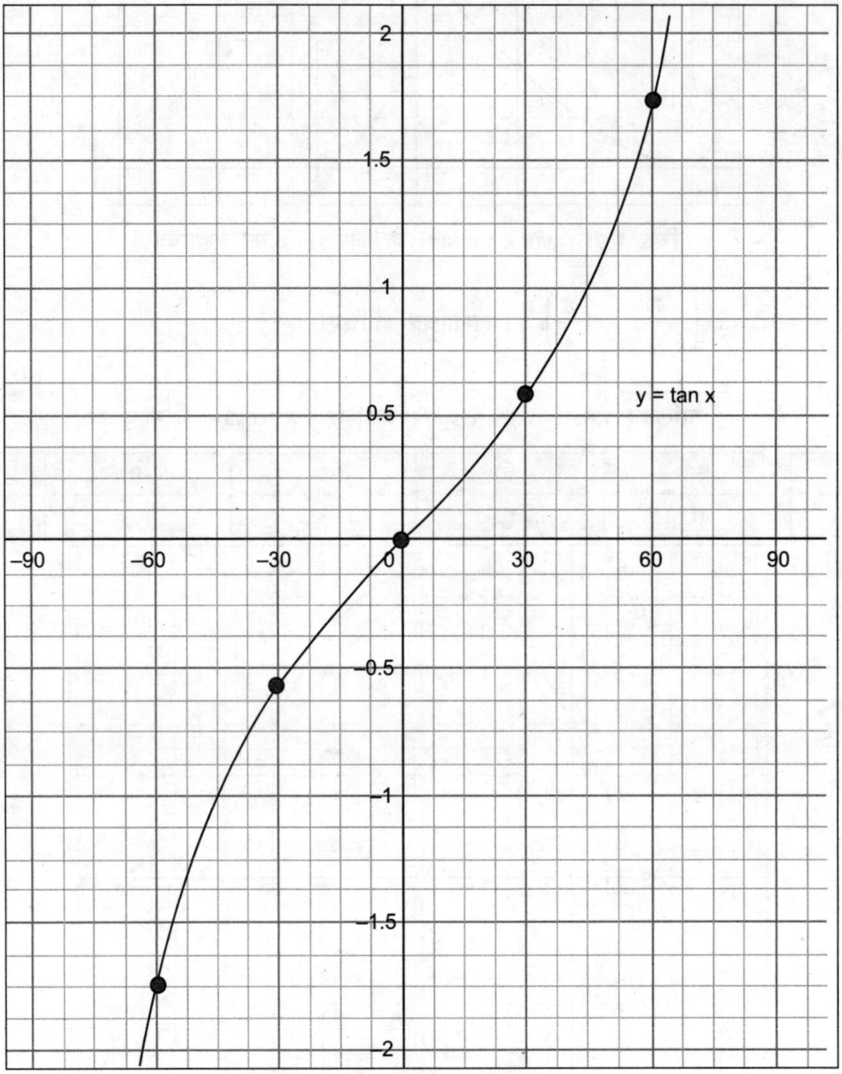

चित्र 1.11: $y = \tan x$ का लेखाचित्र

उदाहरण 31: $y = e^{2x}$ का लेखाचित्र खींचिए।

हल:

तालिका 1.10: $y = e^{2x}$ का मान

X	–1°	–1/2	0°	1/2	1
e^{2x}	0.1	0.4	1	2.8	7.4

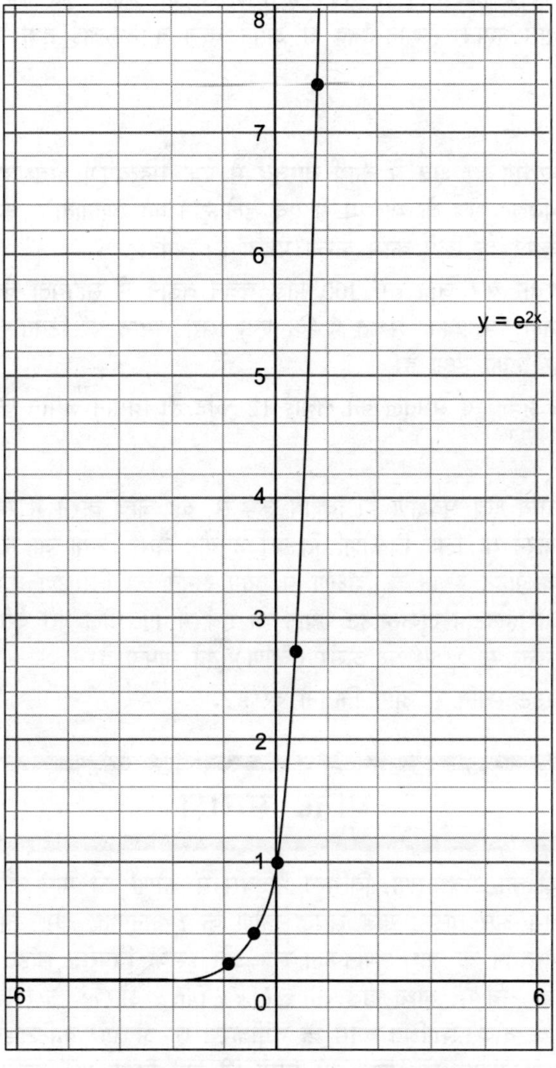

चित्र 1.12: $y = e^{2x}$ का लेखाचित्र

अनुप्रयोग (वास्तविक जीवन / औद्योगिक)

एक विमान का उड़ान पथ

एक विमान की गति के लिए त्रिकोणमिति का अनुप्रयोग।

मान लीजिए कि एक हवाई जहाज समुद्र तल पर स्थित अपने प्रस्थान बिंदु से 20 (डिग्री) के एक स्थिर कोण पर चढ़ता है। यह इस कोण पर चढ़ना जारी रखता है जब तक कि यह अपने क्रूज की ऊंचाई तक नहीं पहुंच जाता। मान लीजिए कि इसकी क्रूज ऊंचाई समुद्र तल से 29,980 फीट है।

प्रश्न 1. विमान द्वारा अपने प्रस्थान बिंदु से अपने क्रूज ऊंचाई में कितनी दूरी तय की है?

प्रश्न 2. हवाई जहाज द्वारा अपने प्रस्थान बिंदु से अपने क्रूज की ऊंचाई तक जाने के दौरान जमीन की दूरी कितनी तय की जाती है?

झुका हुआ तल

विज्ञान और इंजीनियरिंग के लगभग हर क्षेत्र में कार्य वास्तव में एक महत्वपूर्ण अवधारणा है। किसी वस्तु को हिलाने में काम करना पड़ता है; एक विद्युत क्षेत्र के माध्यम से एक इलेक्ट्रॉन को स्थानांतरित करने के लिए काम करना पड़ता है; गुरुत्वाकर्षण बल को दूर करने के लिए काम करना पड़ता है; आदि।

आइए उस मामले पर विचार करें जहां हम 300 पौंड वजन बढ़ाने में सहायता के लिए एक झुके हुए तल का उपयोग करते हैं। झुका हुआ तल इस प्रकार स्थित है कि एक सिरा जमीन पर टिका हुआ है और दूसरा सिरा जमीन से 4 फीट ऊपर एक सतह पर टिका हुआ है।

प्रश्न 3. मान लीजिए कि झुके हुए समतल की लंबाई 12 फीट है। विमान जमीन के साथ कितना कोण बनाता है?

भूमि की नाप

सिविल इंजीनियरिंग का एक अन्य क्षेत्र सर्वेक्षण है। विशेष रूप से, यह जांच करने में रुचि हो सकती है कि वन रेंजरों को आग से निपटने में मदद करने के लिए त्रिकोणमिति का उपयोग कैसे किया जा सकता है। मान लीजिए कि एक फायर गार्ड अपने हिलटॉप लुकआउट स्थान के दक्षिण में आग लगने का निरीक्षण करता है। एक दूसरा फायर गार्ड वॉच टॉवर पर ड्यूटी पर है जो हिलटॉप लुकआउट स्थान के पूर्व में 11 मील की दूरी पर स्थित है। यह दूसरा गार्ड उसी आग को देखता है और उत्तर से 2150 पर असर (कोण) को मापता है।

प्रश्न 4. हिलटॉप लुकआउट स्थान से आग कितनी दूर है?

यूनिट सारांश

इस इकाई में पहला खंड कोणों की अवधारणा, विभिन्न मैट्रिक्स में कोणों की माप और उनके रूपांतरणों का परिचय करने के लिए समर्पित है। दूसरा और तीसरा खंड संबद्ध कोण के t-अनुपात, योग, अंतर सूत्र और उनके अनुप्रयोग, गुणनफल के योग, अंतर में परिवर्तन के साथ गुणनफल सूत्र और इसके विपरीत सहित, अपवर्त्य कोणों, उप-अपवर्त्य कोणों के अनुपात से संबंधित है। अंत में, चौथा खंड $\sin x, \cos x, \tan x$ और e^x के लेखाचित्र के बारे में एक अंतर्दृष्टि प्रदान करता है। प्रत्येक विषय के बाद संशोधित ब्लूम के वर्गीकरण के अनुसार कठिनाइयों के बढ़ते स्तर के साथ हल किए गए उदाहरण हैं, इसी तरह अभ्यास हेतु प्रश्न देते समय भी इसी नियम का पालन किया गया है। एक दिलचस्प तथ्य के रूप में कुछ खुले प्रश्नों की भी सलाह दी जाती है, ये मौखिक प्रश्न प्रमुख बिंदुओ और मुद्दो की अवधारण ात्मक समझ का आकलन करने में मदद करेंगे। दूसरी ओर बीजगणितीय समस्याएं छात्रों को बीजगणितीय जोड़ तोड़ लागू करने में मदद करेंगी, लेखाचित्रिय समस्याएं छात्रों की लेखाचित्र तैयार करने या व्याख्या करने की क्षमता का आकलन करती हैं।

अभ्यास

बहुविकल्पीय प्रश्न

1. यदि x के वास्तविक मानों के लिए $\cos\theta = x + \frac{1}{x}$, तब

(a) θ एक न्यून कोण है
(b) θ एक समकोण है
(c) θ एक अधिक कोण है
(d) θ का कोई मान संभव नहीं है

2. गलत कथन है

(a) $\sin\theta = -\frac{1}{5}$
(b) $\cos\theta = 1$
(c) $\sec\theta = \frac{1}{2}$
(d) $\tan\theta = 20$

3. समीकरण $\sec^2\theta = \frac{4xy}{(x+y)^2}$ तभी संभव है, जब

(a) $x = y$
(b) $x < y$
(c) $x > y$
(d) इनमें से कोई नहीं

4. यदि $\sin\theta + \text{cosec}\theta = 2$, तब $\sin^{10}\theta + \text{cosec}^{10}\theta$ का मान है:

(a) 10
(b) 2^{10}
(c) 2^9
(d) 2

5. यदि $\sin\theta = \frac{24}{25}$ और θ दूसरे चतुर्थांश में स्थित है, तब $\sec\theta + \tan\theta =$

(a) –3
(b) –5
(c) –7
(d) –9

6. यदि θ दूसरे चतुर्थांश में स्थित है तब $\sqrt{\left(\frac{1-\sin\theta}{1+\sin\theta}\right)} + \sqrt{\left(\frac{1+\sin\theta}{1-\sin\theta}\right)}$ का मान है:

(a) $2\sec\theta$
(b) $-2\sec\theta$
(c) $2\text{cosec}\theta$
(d) इनमें से कोई नहीं

7. यदि $\tan\theta + \sec\theta = e^x$, तब $\cos\theta =$

(a) $\frac{(e^x + e^{-x})}{2}$
(b) $\frac{2}{(e^x + e^{-x})}$
(c) $\frac{(e^x - e^{-x})}{2}$
(d) $\frac{(e^x - e^{-x})}{(e^x + e^{-x})}$

8. $\cos A + \sin(270 + A) - \sin(270 - A) + \cos(180 + A) =$

(a) –1
(b) 0
(c) 1
(d) इनमें से कोई नहीं

9. यदि $x = y\cos\frac{2\pi}{3} = z\cos\frac{4\pi}{3}$, तब $xy + yz + zx =$

(a) -1 (b) 0

(c) 1 (d) 2

10. $\tan 20 \ + \tan 40 \ + \sqrt{3}\tan 20 \ \tan 40 \ =$

(a) $\frac{1}{\sqrt{3}}$ (b) $\sqrt{3}$

(c) $-\frac{1}{\sqrt{3}}$ (d) $-\sqrt{3}$

11. $\tan 75° - \cot 75° =$

(a) $2\sqrt{3}$ (b) $2 + \sqrt{3}$

(c) $2 - \sqrt{3}$ (d) इनमें से कोई नहीं

12. $\frac{\sin^2 A - \sin^2 B}{\sin A \cos A - \sin B \cos B} =$

(a) $\tan(A - B)$ (b) $\tan(A + B)$

(c) $\cot(A - B)$ (d) $\cot(A + B)$

13. $\cos 12° + \cos 84° + \cos 156° + \cos 132° =$

(a) $\frac{1}{2}$ (b) 1

(c) $-\frac{1}{2}$ (d) $\frac{1}{8}$

14. $\cos 52 \ + \cos 68 \ + \cos 172 \ =$

(a) 0 (b) 1

(c) 2 (d) $\frac{3}{2}$

15. $\frac{\cos 17° + \sin 17°}{\cos 17° - \sin 17°} =$

(a) $\tan 62°$ (b) $\tan 56°$

(c) $\tan 54°$ (d) $\tan 73°$

16. $\cos\frac{2\pi}{15}\cos\frac{4\pi}{15}\cos\frac{8\pi}{15}\cos\frac{16\pi}{15} =$

(a) $\frac{1}{2}$ (b) $\frac{1}{4}$

(c) $\frac{1}{8}$ (d) $\frac{1}{16}$

17. $\cos^2\frac{\pi}{12}+\cos^2\frac{\pi}{4}+\cos^2\frac{5\pi}{12} =$

(a) $\frac{3}{2}$ (b) $\frac{2}{3}$

(c) $\frac{3+\sqrt{3}}{2}$ (d) $\frac{2}{3+\sqrt{3}}$

18. $\sin\frac{\pi}{16}\sin\frac{3\pi}{16}\sin\frac{5\pi}{16}\sin\frac{7\pi}{16} =$

(a) $\frac{1}{16}$ (b) $\frac{\sqrt{2}}{16}$

(c) $\frac{1}{8}$ (d) $\frac{\sqrt{2}}{8}$

19. $\cos^2 76^o + \cos^2 16^o - \cos 76^o \cos 16^o =$

(a) $-\frac{1}{4}$ (b) $\frac{1}{2}$

(c) 0 (d) $\frac{3}{4}$

20. $\cos\frac{\pi}{7}\cos\frac{2\pi}{7}\cos\frac{4\pi}{7} =$

(a) 0 (b) $\frac{1}{2}$

(c) $\frac{1}{4}$ (d) $-\frac{1}{8}$

21. $\frac{\tan 70^o - \tan 20^o}{\tan 50^o} =$

(a) 1 (b) 2

(c) 3 (d) 0

22. $\cos^2\alpha + \cos^2(\alpha + 120\ ) + \cos^2(\alpha - 120\ ) =$

(a) $\frac{3}{2}$ (b) 1

(c) $\frac{1}{2}$ (d) 0

23. $\tan 20^o + 2\tan 50^o - \tan 70^o =$

(a) 1 (b) 0

(c) $\tan 50^o$ (d) इनमें से कोई नहीं

24. यदि $\cos(A - B) = \frac{3}{5}$ और $\tan A \tan B = 2$, तब

(a) $\cos A \cos B = \frac{1}{5}$ (b) $\sin A \sin B = -\frac{2}{5}$

(c) $\cos A \cos B = -\frac{1}{5}$ (d) $\sin A \sin B = -\frac{1}{5}$

25. $\sin 12 \; \sin 48 \; \sin 54 \; =$

(a) $\frac{1}{16}$ (b) $\frac{1}{32}$

(c) $\frac{1}{8}$ (d) $\frac{1}{4}$

26. $\cos\frac{\pi}{5}\cos\frac{2\pi}{5}\cos\frac{4\pi}{5}\cos\frac{8\pi}{5} =$

(a) $\frac{1}{16}$ (b) 0

(c) $-\frac{1}{8}$ (d) $-\frac{1}{16}$

27. $\frac{\cos 12^\circ - \sin 12^\circ}{\cos 12^\circ + \sin 12^\circ} + \frac{\sin 147^\circ}{\cos 147^\circ} =$

(a) 1 (b) –1

(c) 0 (d) इनमें से कोई नहीं

28. $\tan 20^\circ \tan 40^\circ \tan 60^\circ \tan 80^\circ =$

(a) 1 (b) 2

(c) 3 (d) $\frac{\sqrt{3}}{2}$

29. $\cos 20^\circ \cos 40^\circ \cos 80^\circ =$

(a) $\frac{1}{2}$ (b) $\frac{1}{4}$

(c) $\frac{1}{6}$ (d) $\frac{1}{8}$

30. $\sin 36^\circ \sin 72^\circ \sin 108^\circ \sin 144^\circ =$

(a) $\frac{1}{4}$ (b) $\frac{1}{16}$

(c) $\frac{3}{4}$ (d) $\frac{5}{16}$

31. यदि $\sec\theta = 1\frac{1}{4}$, तब $\tan\frac{\theta}{2} =$

(a) $\frac{1}{3}$ (b) $\frac{3}{4}$

(c) $\frac{1}{4}$ (d) $\frac{5}{4}$

32. यदि $\tan\frac{A}{2} = \frac{3}{2}$, तब $\frac{1+\cos A}{1-\cos A} =$

(a) –5 (b) 5

(c) $\frac{9}{4}$ (d) $\frac{4}{9}$

33. यदि $\cos A = \frac{\sqrt{3}}{2}$, तब $\tan 3A =$

(a) 0 (b) $\frac{1}{2}$

(c) 1 (d) ∞

34. $\sin 4\theta$ को निम्न के रूप में लिखा जा सकता है:

(a) $4\sin\theta(1-2\sin^2\theta)\sqrt{1-\sin^2\theta}$ (b) $2\sin\theta\cos\theta\sin^2\theta$

(c) $4\sin\theta - 6\sin^3\theta$ (d) इनमें से कोई नहीं

35. $\frac{\sin 2A}{1+\cos 2A} . \frac{\cos A}{1+\cos A} =$

(a) $\tan\frac{A}{2}$ (b) $\cot\frac{A}{2}$

(c) $\sec\frac{A}{2}$ (d) $\operatorname{cosec}\frac{A}{2}$

36. $\frac{1}{\tan 3A - \tan A} - \frac{1}{\cot 3A - \cot A} =$

(a) tanA (b) tan2A

(c) cotA (d) cot2A

37. $\operatorname{cosec} A - 2\cot 2A \cos A =$

(a) 2sinA (b) secA

(c) 2cosA cotA (d) इनमें से कोई नहीं

38. यदि $\cos 3\theta = \alpha\cos\theta + \beta\cos^3\theta$, तब $(\alpha, \beta) =$

(a) (3, 4) (b) (4, 3)

(c) (–3, 4) (d) (3, –4)

39. $(\cos\alpha+\cos\beta)^2+(\sin\alpha+\sin\beta)^2 =$

(a) $4\cos^2\frac{\alpha-\beta}{2}$ (b) $4\sin^2\frac{\alpha-\beta}{2}$ (c) $4\cos^2\frac{\alpha+\beta}{2}$ (d) $4\sin^2\frac{\alpha+\beta}{2}$

40. यदि $\tan x=\frac{b}{a}$, तब $\sqrt{\frac{a+b}{a-b}}+\sqrt{\frac{a-b}{a+b}} =$

(a) $\frac{2\sin x}{\sqrt{\sin 2x}}$ (b) $\frac{2\cos x}{\sqrt{\cos 2x}}$ (c) $\frac{2\cos x}{\sqrt{\sin 2x}}$ (d) $\frac{2\sin x}{\sqrt{\cos 2x}}$

41. $1-2\sin^2\left(\frac{\pi}{4}+\theta\right)=$

(a) $\cos 2\theta$ (b) $-\cos 2\theta$ (c) $\sin 2\theta$ (d) $-\sin 2\theta$

42. $\frac{\sin 3A-\cos\ \frac{\pi}{2}-A}{\cos A+\cos(\pi+3A)}=$

(a) tan A (b) cot A (c) tan 2A (d) cot 2A

43. यदि $\tan A=\frac{1}{2}$, तब $\tan 3A =$

(a) $\frac{9}{2}$ (b) $\frac{11}{2}$ (c) $\frac{7}{2}$ (d) $-\frac{1}{2}$

44. $\frac{\sqrt{1+\sin x}+\sqrt{1-\sin x}}{\sqrt{1+\sin x}-\sqrt{1-\sin x}}=$ (जब x द्वितीय चतुर्थांश में स्थित हो)

(a) $\sin\frac{x}{2}$ (b) $\tan\frac{x}{2}$ (c) $\sec\frac{x}{2}$ (d) $\text{cosec}\frac{x}{2}$

45. $(\sec 2A+1)\sec^2 A=$

(a) sec A (b) 2sec A (c) sec 2A (d) 2sec 2A

बहुविकल्पीय प्रश्नों के उत्तर

1(d), 2(c), 3(a), 4(d), 5(c), 6(b), 7(b), 8(b), 9(b), 10(b), 11(a), 12(b), 13(c), 14(a), 15(a), 16(d), 17(a), 18(b), 19(d), 20(d), 21(b), 22(a), 23(b), 24(a), 25(c), 26(d), 27(c), 28(c), 29(d), 30(d), 31(a), 32(d), 33(d), 34(a), 35(a), 36(d), 37(a), 38(c), 39(a), 40(b), 41(d), 42(d), 43(b), 44(b), 45(d)

लघु और दीर्घ उत्तरीय प्रश्न

प्र.1. निम्नलिखित को कोण के माप की शेष दो इकाइयों में परिवर्तित करें।

(i) $30°$ (ii) 2^G (iii) $\frac{\pi^R}{3}$

प्र.2. निम्नलिखित को रेडियन में बदलें।

(i) 660° (ii) -270° (iii) 1440° (iv) 0°

प्र.3. निम्नलिखित को अंशों में बदलें।

(i) 17π (ii) $\frac{9\pi}{2}$ (iii) $\frac{82\pi}{6}$ (iv) $\frac{\pi}{3}$

प्र.4. निम्नलिखित T–अनुपातों का मान ज्ञात कीजिए।

(i) $\sec(-2025^\circ)$ (ii) $\cos(-5\pi + \theta)$ (iii) $\cot \frac{5\pi}{6}$

प्र.5. सरल करें,

$$\tan\frac{\pi}{20}.\tan\frac{3\pi}{20}.\tan\frac{5\pi}{20}.\tan\frac{7\pi}{20}.\tan\frac{9\pi}{20}$$

प्र.6. एक चक्रीय चतुर्भुज ABCD में, सिद्ध कीजिए कि

$$\cos(180^\circ - A) - \sin(90^\circ + B) + \cos(180^\circ + C) - \sin(90^\circ + D) = 0$$

प्र.7. सिद्ध कीजिए कि

$$\frac{\tan \frac{\pi}{2}+\theta}{\cot(\pi - \theta)} + \frac{\sin(\pi+\theta)}{\sin(2\pi - \theta)} + \frac{\cos(2\pi+\theta)}{\sin \frac{\pi}{2}+\theta} = 3$$

प्र.8. सिद्ध कीजिए कि

$$\tan 660^\circ \cot 1320^\circ + \cot 390^\circ \tan 210^\circ = 0$$

प्र.9. सिद्ध कीजिए कि

$$\sin(A + B)\sin(A - B) = \sin^2 A - \sin^2 B$$

प्र.10. मान ज्ञात कीजिये

(i) $\cot 75^\circ$ (ii) $\tan \frac{25\pi}{2}$

प्र.11. सिद्ध कीजिए कि

$$\cot\theta = \sqrt{2}\cos \frac{\pi}{4}+\theta \;\; + \sin\theta$$

प्र.12. सिद्ध कीजिए कि

$$\tan 56^\circ = \frac{\cos 11^\circ + \sin 11^\circ}{\cos 11^\circ - \sin 11^\circ}$$

प्र.13. सिद्ध कीजिए कि

$$\frac{\sin(\alpha+\beta)}{\sin(\alpha+\gamma)} = \cos(\alpha-\gamma)+(\alpha+\gamma)\sin(\alpha-\gamma)$$

प्र.14. सिद्ध कीजिए कि

$$\sin\left[(n+1)x\right]\cdot\sin\left[(n+2)x\right]\cdot\sin\left[(n+3)x\right]\cdot\sin\left[(n+4)x\right] = \cos x$$

प्र.15. एक ΔABC में, सिद्ध कीजिए कि $\tan A+\tan B+\tan C=\tan A\tan B\tan C$

प्र.16. सिद्ध कीजिए कि

(i) $\dfrac{\sin 5A-\sin 3A}{\cos 5A+\cos 3A}=\dfrac{1}{\cot A}$ (ii) $\dfrac{\cos 7A+\cos 5A}{\sin 7A-\sin 5A}=\cot A$

प्र.17. सिद्ध कीजिए कि

$$\frac{\sin 8\theta\cos\theta-\cos 3\theta\sin 6\theta}{\cos 2\theta\cos\theta-\sin 3\theta\sin 4\theta}=\tan 2\theta$$

प्र.18. सिद्ध कीजिए कि

$$\sin 10^0\sin 30^0\sin 50^0\sin 70^0=\frac{1}{16}$$

प्र.19. सिद्ध कीजिए कि $\tan A+\cot A=2\operatorname{cosec}2A$ और निगमित कीजिये कि $\tan 15^0+\cot 15^0=4$

प्र.20. मान ज्ञात कीजिए:

$$\tan\frac{\pi}{8}$$

प्र.21. सिद्ध कीजिए कि

$$\sqrt{2+\sqrt{2+\sqrt{2+2\cos\theta}}}=2\cos\theta$$

प्र.22. सिद्ध कीजिए कि

$$\sin A\sin\left(60^0+A\right)\sin\left(60^0-A\right)=\frac{1}{4}\sin 3A$$

प्र.23. सिद्ध कीजिए कि

$$\frac{\sin 3\theta}{\sin\theta}-\frac{\cos 3\theta}{\cos\theta}=2$$

प्र.24. सिद्ध कीजिए कि

$$\sqrt{\frac{1-\cos 2\theta}{2}}=\pm\sin\theta$$

प्र.25. यदि $\tan\theta=\dfrac{1}{3}\left(0\langle\theta\langle\dfrac{\pi}{2}\right)$ तो सिद्ध करो कि $10\sin\theta+15\cos\theta-18=0$

प्र.26. सिद्ध कीजिए कि $\dfrac{1+\sin\theta-\cos\theta}{1+\sin\theta+\cos\theta}=\tan\dfrac{\theta}{2}$

प्र.27. निम्नलिखित का लेखाचित्र खींचिए।

(i) $y=\sin x\quad(0\le x\le 2\pi)$ (ii) $y=2\cos x\quad\left(-\dfrac{\pi}{2}\le x\le\dfrac{\pi}{2}\right)$

प्र.28. लेखाचित्र खींचिए: $y=3\sin\dfrac{x}{2}\quad(-2\pi\langle x\langle 2\pi)$

प्र.29. लेखाचित्र खींचिए: $y=\tan 2x$

प्र.30. लेखाचित्र खींचिए: $y=e^{2x}$

लघु और दीर्घ उत्तरीय प्रश्नों के उत्तर

1.	(i) 66.666...G, $\frac{\pi}{3}^R$	(ii) $(2.7)^o$, $\left(\frac{3\pi}{200}\right)^R$	(iii) 30°, 33.333....G	
2.	(i) $\frac{11\pi}{3}$	(ii) $-\frac{3\pi}{2}$	(iii) 8π	(iv) 0
3.	(i) 3060°	(ii) 810°	(iii) 2460°	(iv) 30°
4.	(i) $-\sqrt{2}$	(ii) $-\cos\theta$	(iii) $-\sqrt{3}$	
5.	1			
10.	(i) $\frac{\sqrt{6}-\sqrt{2}}{4}$	(ii) $2-\sqrt{3}$		
20.	$\sqrt{2}-1$			

अधिक जानिए

- त्रिकोणमिति के बारे में रोचक तथ्य।
- छात्रों को त्रिकोणमिति सिखाने में संघर्ष करने के संभावित कारण।
- विद्यार्थी त्रिकोणमिति का अध्ययन क्यों करना पसंद करेगा?
- त्रिकोणमिति का अध्ययन करने की आवश्यकता।
- शिक्षा का वह क्षेत्र जिसमें त्रिकोणमिति का प्रयोग किया जाता है।
- कलन में त्रिकोणमिति का अनुप्रयोग।
- छात्रों के लिए कक्षा को और अधिक रोचक बनाना।
- त्रिकोणमिति सीखने का सबसे आसान तरीका।
- त्रिकोणमिति का आविष्कार क्यों किया गया था?
- त्रिकोणमिति को सहज रूप से सीखना।
- त्रिकोणमिति को कम जटिल बनाना।

अधिक जानें-भारतीय गणित

लघु परियोजना

(i) अपवर्त्य और उप अपवर्त्य त्रिकोणमितीय फलनों के सूत्र दिखाते हुए चार्ट तैयार करना।

(ii) दिए गए फलनो की सीमाओं के अस्तित्व के लिए चित्रमय प्रस्तुतीकरण तैयार करना।

जिज्ञासा और उत्सुकता विषयक

(i) एक 40 फीट की सीढ़ी एक इमारत के शीर्ष पर झुक जाती है जो 25 फीट लंबी है। सीढ़ी द्वारा क्षैतिज के साथ बनाए गए कोण का निर्धारण करें। सीढ़ी के आधार से भवन तक की दूरी भी ज्ञात कीजिए।

(ii) 7,000 फीट की ऊंचाई पर मयूर होटल से एक सीधा रास्ता 10,100 फीट की ऊंचाई पर एक सुंदर दृश्य की ओर जाता है। पगडंडी की लंबाई 13,100 फीट है। झुकाव कोण α डिग्री में क्या है? रेडियन में α का मान क्या होता है?

(iii) प्रकाश की किरण एक माध्यम, जिसका अपवर्तन सूचकांक 1.100 है, से दूसरे जिसका अपवर्तन सूचकांक 1.270 है, में चलती है। दो माध्यमों के इंटरफेस को प्रतिच्छेद करते हुए किरण का आपतन कोण 140 है। स्थिति की ज्यामिति की संरचना तैयार करें और अपवर्तन कोण का मान निर्धारित करें।

(iv) वन-लिंक प्लानर रोबोट का उपयोग कार्य तालिका पर पिक-अप और भागों को रखने के लिए किया जा सकता है। वन-लिंक प्लानर रोबोट में एक भुजा होती है जो एक छोर पर कार्य तालिका से जुड़ी होती है। दूसरे छोर को कार्यस्थान के चारों ओर घूमने के लिए स्वतंत्र छोड़ दिया गया है। यदि $l = 4$ सेमी, रोबोट की स्थिति की संरचना तैयार करें और θ के निम्नलिखित मानों के लिए बिंदु $p(x, y)$ के निर्देशांक (x, y) ज्ञात करें: (40°, $2\pi/3$ रेड, -10, और $-3\pi/4$ रेड)।

उपरोक्त प्रश्नों के अलावा, त्रिकोणमिति का उपयोग एक घर की छत के लिए, छत को झुका हुआ बनाने (एकल व्यक्तिगत बंगलों के मामले में) और इमारतों की छत की ऊंचाई आदि के निर्धारण के लिए किया जा सकता है। इसका उपयोग नौसेना और विमानन उद्योगों में किया जा रहा है। इसका उपयोग कार्टोग्राफी (मानचित्रों के निर्माण) में किया जाता है। इस के अलावा, त्रिकोणमिति के अनुप्रयोग उपग्रह प्रणालियों में भी हैं।

संदर्भ एवं अध्ययन हेतु सुझाव

1. E. Krezig, *Advanced Engineering Mathematics*, 10th Edition, Wiley, 2015.
2. H. K. Das, *Advanced Engineering Mathematics*, S. Chand & Co, New Delhi, 2007.
3. B. S. Grewal, *Higher Engineering Mathematics*, Khanna Publication, New Delhi ,2015.
4. S. S. Sastry, *Engineering Mathematics*, Volume 1, PHI Learning, New Delhi, 2009.
5. Alan Jeffrey, *Advanced Engineering Mathematics*, Harcourt/Academic Press, 2002, USA.
6. M.P. Trivedi and P.Y. Trivedi, *Consider Dimension and Replace Pi*, Notion Press, 2018.
7. www.scilab.org/ -SCI Lab
8. www.easycalculation.com
9. https://grafeq.en.downloadastro.com/- Graph Eq^n 2.13
10. https://www.geogebra.org- Geo Gebra\

2 फलन और सीमा

यूनिट विशिष्ट

इस इकाई में निम्नलिखित विषयों पर विस्तार से चर्चा की गई है:

- फलन की परिभाषा
- फलन का लेखाचित्र
- सीमा की अवधारणा
- चार मानक सीमाएं

आगे जिज्ञासा और रचनात्मकता पैदा करने के साथ-साथ समस्या समाधान क्षमता में सुधार के लिए अनुप्रयोग-आधारित समस्याओं पर चर्चा की गई है।

बड़ी संख्या में बहुविकल्पीय प्रश्नों के साथ-साथ ब्लूम के वर्गीकरण के निम्न और उच्च क्रम के अनुसार दो श्रेणियों में चिह्नित लघु और दीर्घ उत्तरीय प्रश्न, कई संख्यात्मक समस्याओं के माध्यम से अभ्यास सामग्री, संदर्भों की एक सूची और अध्ययन सामग्री इकाई में सुझाई गई हैं, जिससे उनके माध्यम से अभ्यास किया जा सके।

सामग्री के आधार पर, 'अधिक जानिए' खंड जोड़ा गया है। इस खंड को सोच समझकर बनाया गया है ताकि इस भाग में दी गई पूरक जानकारी पुस्तक के उपयोगकर्ताओं के लिए फायदेमंद हो। यह खंड मुख्य रूप से फलनों और सीमाओं के बारे में कुछ दिलचस्प तथ्यों से संबंधित शिक्षण और सीखने पर, मुख्य अवलोकनों पर ध्यान केंद्रित करने वाले विषय के विकास का इतिहास, कलन का ऐतिहासिक पथ, सीमाओं और लेखाचित्र की भूमिका, कलन में उपयोग की जाने वाली सीमाएं क्या हैं, फलन और सीमा सीखने का सबसे सरल तरीका, कलन का आविष्कार क्यों किया गया था, कलन को सहजता से सीखना, सीमाओं को कम जटिल बनाना, महत्वपूर्ण सोच को पढ़ाना, आदि पर प्रकाश डालता है।

दूसरी ओर, सुझाई गई सूक्ष्म परियोजनाएँ और बुद्धिशीलता के लिए प्रश्न, इकाई में शामिल विषयों के लिए जिज्ञासा और उत्सुकता पैदा करते हैं।

भूमिका

गणितीय पदों में वास्तविक दुनिया का वर्णन करने के लिए फलन प्रमुख उपकरण हैं। किसी बिंदु पर वक्र की ढलान, परिवर्तन की दर, वक्र के नीचे का क्षेत्र, राशियों का संचय, अवकलज का उपयोग किसी फलन के व्यवहार को प्रदर्शित करने के साधन के रूप में किया जाता है। कलन के अध्ययन के लिए फलन की अवधारणा की स्पष्ट समझ और फलन के संकेत चिन्ह से परिचित होना महत्वपूर्ण है। फलन का बारीकी से अध्ययन करने के लिए एक लेखाचित्र सम्बन्धों को दृष्टिगोचर बनाने का अवसर प्रदान करता है, बिंदुओं को अंकन करके और प्रतिरूप को समझकर फलनो के लेखाचित्र बनाए जा सकते हैं। एक ग्राफिंग कैलकुलेटर तेजी से लेखाचित्र बना सकता है। वास्तविक संख्या प्रणाली और इसकी विशिष्ट विशेषताओं को समझने के लिए सीमा अवधारणा आवश्यक है। एक अर्थ में वास्तविक संख्याओं

को उन संख्याओं के रूप में परिभाषित किया जा सकता है जो परिमेय संख्याओं के अभिसरण अनुक्रमों की सीमाएँ हैं। अनंत पर सीमाएं फलन के अंतिम व्यवहार को समझने के लिए उपयोगी होती हैं। अवकलन प्रवाह या परिवर्तन की दर है, और कुछ सीमा अवधारणाओं के आधार पर इसकी गणना की जा सकती है। समाकलन की गणना के लिए भी सीमाएं महत्वपूर्ण हैं। समाकलन किसी क्षेत्र के छोटे-छोटे टुकड़ों की अनंत संख्या को जोड़कर उसके पूरे क्षेत्रफल की गणना करता है। सीमाएं पुनरावृत्ति प्रक्रिया का भी हिस्सा हैं। कुछ सफल पुनरावृत्तियो द्वारा सैद्धांतिक रूप से सटीक मान के जितना करीब चाहें उतना करीब पहुंचा जा सकता हैं।

पूर्व अपेक्षित ज्ञान

- चर घातांकीय और लघुगणकीय फलनों का ज्ञान।
- कैलकुलेटर (गणक) के उपयोग से परिचित होना।
- प्रारंभिक समुच्चय सिद्धांत से परिचित होना।
- बीजगणितीय तकनीकों से परिचित होना।
- बीजीय व्यंजकों और बीजीय भिन्नों को सरल बनाने के लिए बुनियादी कौशल।
- कोष्ठक का विस्तार।
- रैखिक और द्विघात व्यंजकों का गुणनखंड करना।
- रैखिक समीकरणों और असमानताओं को हल करना।
- गुणनखंड द्वारा द्विघात समीकरणों को हल करना, वर्ग को पूरा करके और द्विघात सूत्र को लागू करना।
- रैखिक युगपत समीकरणों को हल करना।
- प्रतिस्थापन।

यूनिट आउटकम्स (UOs)

इस इकाई के परिणामों (यूनिट आउटकम्स) की सूची इस प्रकार है:

U2-O1 : तदनुरूपता एक फलन है या नहीं निर्धारित करना।

U2-O2 : दिए गए फलनों का लेखाचित्र खींचना और ज्यामितीय व्यवहार की व्याख्या करना।

U2-O3 : स्वतंत्र चर को कुछ परिमित मान या अनंत के करीब पहुंचने पर फलन की सीमा की गणना करना।

U2-O4 : फलनो और उनके लेखाचित्र का विश्लेषण उनकी सीमाओं के अनुसार करना।

U2-O5 : दिए गए मानक रूपों की गणना के लिए सीमा की अवधारणा का प्रयोग करना।

कोर्स आउटकम्स (COs) के साथ यूनिट आउटकम्स (UOs) का परस्पर संबंध:

यूनिट आउटकम्स	कोर्स आउटकम्स (COs) के साथ अपेक्षित संबंध *(1. कमजोर सहसंबंध; 2. मध्यम सहसंबंध; 3. मजबूत सहसंबंध)*						
	CO-1	CO-2	CO-3	CO-4	CO-5	CO-6	CO-7
U2-O1	-	-	1	2	2	1	-
U2-O2	-	-	1	2	3	1	-
U2-O3	-	-	2	3	1	1	-
U2-O4	-	-	3	1	2	1	-
U2-O5	-	-	3	2	-	1	-

2.1 फलन (Function)

2.1.1 फलन की परिभाषा

फलन का विचार गणित की सबसे महत्वपूर्ण अवधारणाओं में से एक है। सीधे शब्दों में कहें, फलन दो समुच्चयों के बीच एक विशेष प्रकार की संगतता है।

(1) प्रतिचित्रण की अवधारणा की सहायता से फलन को आसानी से परिभाषित किया जा सकता है। मान लीजिए X और Y कोई दो अरिक्त समुच्चय हैं। "X से Y तक फलन एक नियम या आदान प्रदान है जो समुच्चय X के प्रत्येक अवयव से, समुच्चय Y के एक और केवल एक अवयव को संबंधित करता है।" मान लीजिये की आदान प्रदान 'f' है, तो गणितीय रूप में इसे हम $f: X \to Y$ लिखते हैं जहाँ $y = f(x), x \in X$ और

हम कहते है, की 'y', f के अंतर्गत 'x' का प्रतिबिंब है (या 'x', 'y' का पूर्व प्रतिबिंब है)।

दो बातों का हमेशा ध्यान रखना चाहिए:

(i) एक प्रतिचित्रण $f: X \to Y$, फलन कहलाता है, यदि किसी समुच्चय X के प्रत्येक अवयव के लिए Y में उसके प्रतिबिम्ब का अस्तित्व होता है। यह भी संभव है कि समुच्चय Y में कुछ ऐसे अवयव हों जो समुच्चय X के किसी अवयव के प्रतिबिम्ब न हों।

(ii) X के प्रत्येक अवयव के लिए उसका एक और केवल एक प्रतिबिम्ब होना चाहिए। इसका तात्पर्य यह है कि समुच्चय X के एक विशिष्ट अवयव के लिए एक से अधिक प्रतिबिम्ब होना असंभव है। फलन बहु-मानीय नहीं हो सकते है। (एक प्रतिचित्रण जो बहु-मानीय है उसे X और Y में संबंध कहा जाता है।)

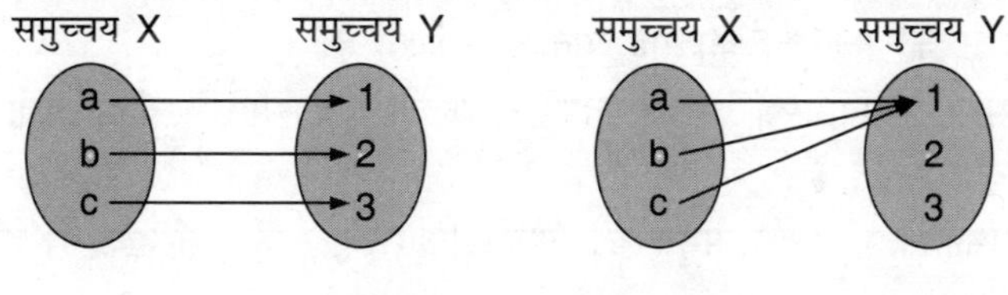

चित्र 2.1: फलन

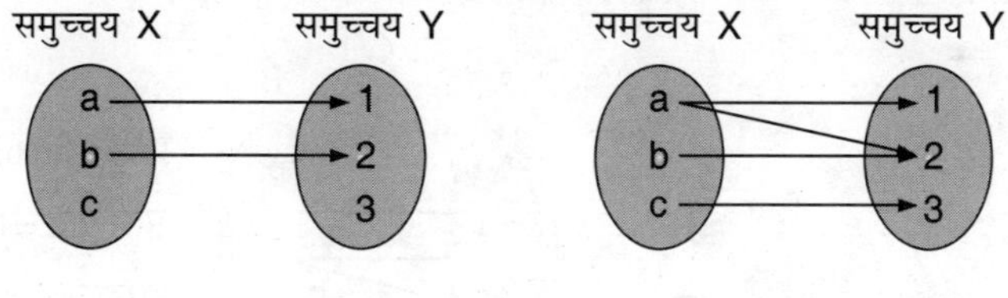

चित्र 2.2: फलन नहीं

उदाहरण 1: नीचे दिए गए प्रत्येक संबंध की जांच करें और प्रत्येक मामले में कारण बताते हुए, यह बताएं कि यह एक फलन है या नहीं?

(i) $R = \{(2, 1), (3, 1), (4, 2)\}$,

(ii) $R = \{(2, 2), (2, 4), (3, 3), (4, 4)\}$

(iii) $R = \{(1, 2), (2, 3), (3, 4), (4, 5), (5, 6), (6, 7)\}$

हल: (i) चूँकि 2, 3, 4, R के ऐसे अवयव हैं जिनके अपने अद्वितीय प्रतिबिम्ब हैं, यह संबंध R एक फलन है।

(ii) चूंकि तत्व 2, दो अलग-अलग प्रतिबिम्बो 2 और 4 से मेल खाता है, यह संबंध एक फलन नहीं है।

(iii) चूँकि प्रत्येक अवयव का एक और केवल एक प्रतिबिम्ब है, यह संबंध एक फलन है।

उदाहरण 2: मान लीजिए N प्राकृतिक संख्याओं का समुच्चय है। एक वास्तविक मान फलन $f: N \rightarrow N$, $f(x) = 2x + 1$, द्वारा परिभाषित किया गया है, इस परिभाषा का उपयोग करते हुए $f(1), f(2), f(3)$, का मान ज्ञात कीजिये।

हल:

$$f(1) = (2 \times 1) + 1 = 3$$
$$f(2) = (2 \times 2) + 1 = 5$$
$$f(1) = (2 \times 3) + 1 = 7$$

उदाहरण 3: यदि $f(x) = \begin{cases} x^2; x < 0 \\ x; 0 \le x < 1, \\ \frac{1}{x}; x > 1 \end{cases}$ $f\left(\frac{1}{2}\right)$, $f(-2)$, $f(2)$ के मान ज्ञात कीजिये।

हल:

$$f\left(\frac{1}{2}\right) = \frac{1}{2}$$
$$f(-2) = (-2)^2 = 4$$
$$f(2) = \frac{1}{2}$$

2.1.2 फलन का प्रांत, सह प्रांत और परिसर

यदि एक फलन f को समुच्चय A से समुच्चय B में परिभाषित किया जाता है, तो समुच्चय A फलन f का प्रांत कहलाता है और समुच्चय B को फलन f का सह-प्रांत कहा जाता है।

A के अवयवो के सभी f-प्रतिबिम्बों के समुच्चय को फलन f का परिसर कहा जाता है।

दूसरे शब्दों में, हम कह सकते हैं

प्रांत $= x$ के सभी संभावित मानो का समुच्चय, जिनके लिए $f(x)$ का अस्तित्व है। इसे D_f द्वारा निरूपित किया जाता है।

परिसर $= x$ के सभी मानो के लिए, $f(x)$ के सभी संभावित मानो का समुच्चय। इसे R_f द्वारा निरूपित किया जाता है।

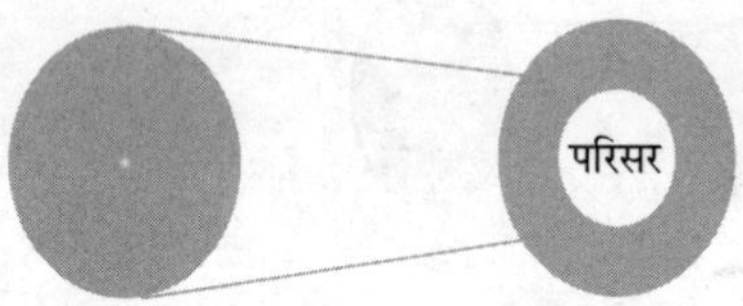

चित्र 2.3: प्रांत और सह प्रांत

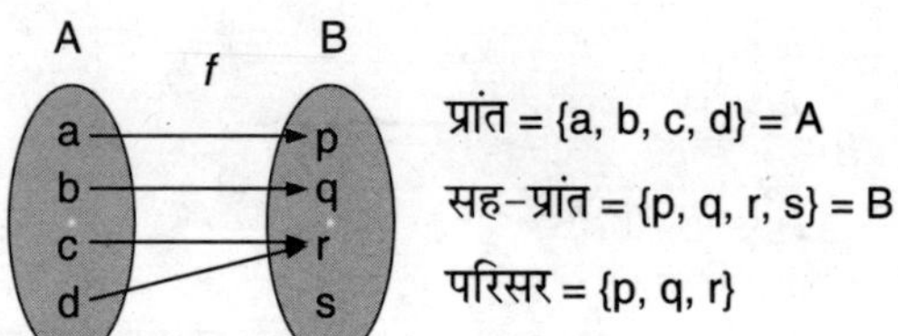

चित्र 2.4: प्रांत, सह प्रांत और परिसर

(1) प्रान्त और परिसर निकालने की विधियाँ

(i) **प्रान्त:**

(a) सम मूल वाले व्यंजक (अर्थात वर्गमूल, चौथा मूल आदि) ≥ 0. हर $\neq 0$.

यदि $y = f(x)$ और $y = g(x)$ का प्रांत क्रमशः D_1 and D_2 है, तब $f(x) \pm g(x)$ or $f(x).g(x)$ का प्रांत $D_1 \cap D_2$ है।

जबकि $\frac{f(x)}{g(x)}$ का प्रांत $D_1 \cap D_2 - \{g(x) = 0\}$ है।

$(\sqrt{f(x)})$ का प्रांत $= D_1 \cap \{x : f(x) \geq 0\}$

(ii) **परिसर:** प्रान्त की सभी वास्तविक संख्याओं के लिए प्राप्त होने वाले निर्गत $f(x)$ का संग्रह, फलन $y = f(x)$ का परिसर है।

(a) यदि प्रांत के अवयवों की संख्या परिमित है, तो परिसर उनसे सम्बंधित मानो $f(x)$ का समुच्चय है।

(b) यदि प्रांत एक परिमित अंतराल है, एकदिष्टता का उपयोग करते हुए परिसर के लिए न्यूनतम और अधिकतम मान ज्ञात कीजिए।

उदाहरण 4: फलन $f(x) = \dfrac{x^2 + 3x + 5}{x^2 - 5x + 4}$, का प्रान्त ज्ञात कीजिये।

हल: चूँकि $x^2 - 5x + 4 = (x - 4)(x - 1)$, फलन f का मान $x = 4$ और $x = 1$ को छोड़कर सभी वास्तविक संख्याओं के लिए परिभाषित है।

अत: f का प्रांत $R - \{1, 4\}$ है।

ओर जानें- फलन

उदाहरण 5: $f(x) = \sqrt{(x-1)}$, द्वारा परिभाषित वास्तविक फलन f का प्रांत और परिसर ज्ञात कीजिये।

हल: स्पष्ट रूप से $f(x)$ परिभाषित किया गया है जब $x - 1 \geq 0$ या $x \geq 1$ अर्थात f का प्रांत $x \in [1, \infty)$ है। तथा परिसर $[0, \infty)$ होगा।

2.1.3 विशेष फलन, परिसर, प्रांत और लेखाचित्र

अचर फलन: मान लीजिए k एक निश्चित वास्तविक संख्या है। तब एक फलन $f(x)$, जो कि $f(x) = k$ (सभी $x \in R$ के लिए) द्वारा परिभाषित है, एक अचर फलन कहलाता है। अचर फलन $f(x) = k$ का प्रांत वास्तविक संख्याओं का पुर्ण समुच्चय है तथा f का परिसर एकल समुच्चय $\{k\}$ है। एक अचर फलन का लेखाचित्र x-अक्ष के समानान्तर एक सीधी रेखा होता है, जैसा की चित्र में दिखाया गया है, यह k के धनात्मक या ऋणात्मक होने के अनुसार x-अक्ष के ऊपर या निचे हो सकती है। यदि $k = 0$ है, तो सरल रेखा x-अक्ष के साथ संपाती होती है।

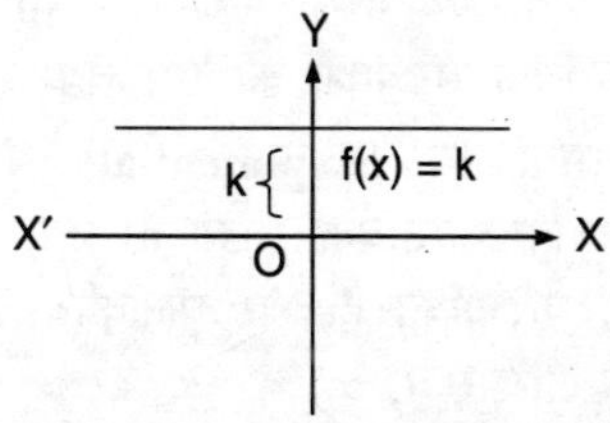

चित्र 2.5: अचर फलन का लेखाचित्र

तत्समक फलन: एक फलन, जो की $f(x) = x$ (सभी $x \in R$ के लिए), द्वारा परिभाषित है, R पर तत्समक कहलाता है। स्पष्ट रूप से, तत्समक फलन का प्रांत और परिसर R है।

तत्समक फलन का लेखाचित्र मूल बिन्दु से गुजरने वाली एक सीधी रेखा है और x-अक्ष की धनात्मक दिशा के साथ 45° के कोण पर झुकी है।

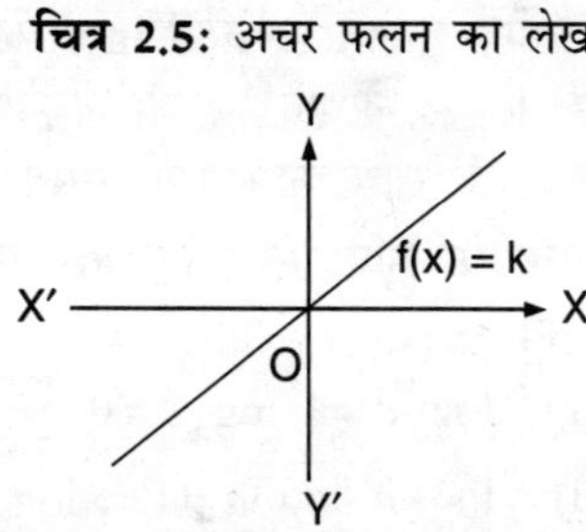

चित्र 2.6: तत्समक फलन का लेखाचित्र

मापांक फलन: फलन, जो की $f(x) = |x| = \begin{cases} x, \text{ जब } x \geq 0 \\ -x, \text{ जब } x < 0 \end{cases}$ द्वारा परिभाषित है, मापांक फलन कहा जाता है। मापांक फलन का प्रांत सभी वास्तविक संख्याओं का समुच्चय R होता है और परिसर सभी ऋणेत्तर वास्तविक संख्याओं का समुच्चय होता है।

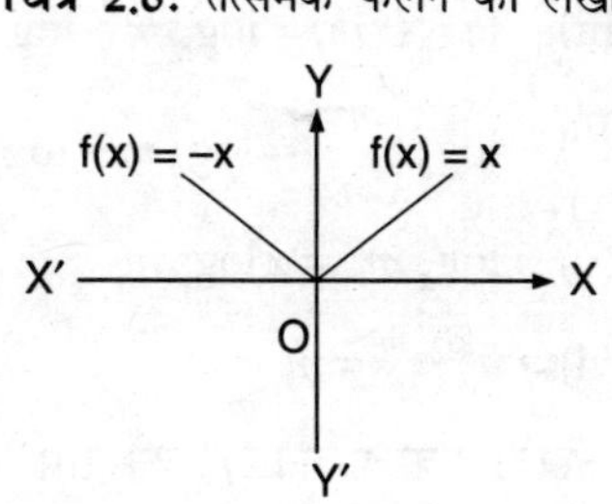

चित्र 2.7: मापांक फलन का लेखाचित्र

महत्तम पूर्णांक फलनः माना की $f(x) = [x]$, जहाँ $[x]$ सबसे बड़ा पूर्णांक जो की x से छोटा या बराबर होता है, को दर्शाता है।

इसका प्रांत R और परिसर पूर्णांकों का समुच्चय I है। उदाहरण के लिए $[1.1] = 1$, $[2.2] = 2$, $[-0.9] = -1$, $[-2.1] = -3$ आदि। फलन, f जो की $f(x) = [x]$ (सभी $x \in R$ के लिए) द्वारा परिभाषित है, महत्तम पूर्णांक फलन कहलाता है।

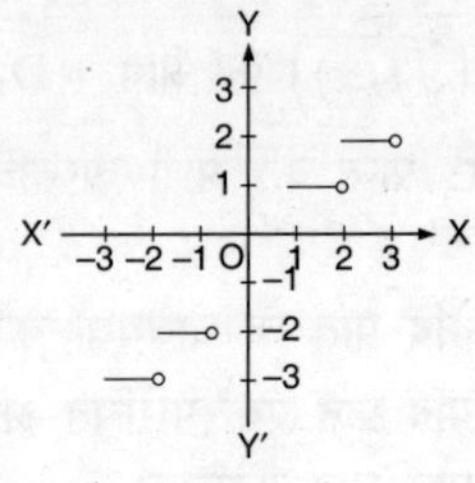

चित्र 2.8: महत्तम पूर्णांक फलन का लेखाचित्र

सिग्नम फलनः फलन, जो की $f(x) = \begin{cases} \dfrac{|x|}{x}, & x \neq 0 \\ 0, & x = 0 \end{cases}$ या

$$f(x) = \begin{cases} 1, & x > 0 \\ 0, & x = 0, \\ -1, & x < 0 \end{cases}$$

द्वारा परिभाषित है, सिग्नम फलन कहा जाता है। प्रांत R और समुच्चय $\{-1, 0, 1\}$ परिसर है।

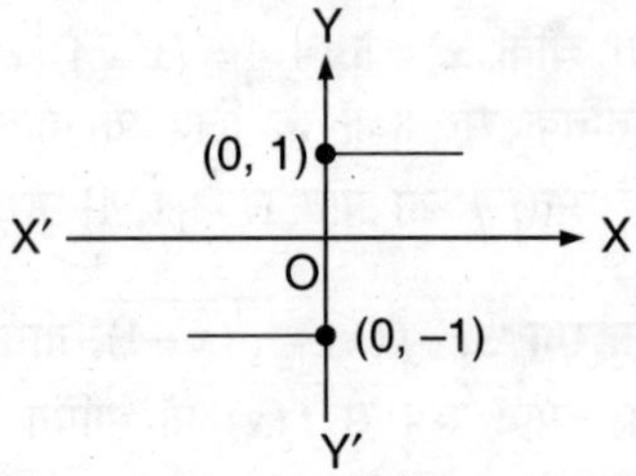

चित्र 2.9: सिग्नम फलन का लेखाचित्र

व्युत्क्रम फलनः वह फलन जो प्रत्येक शून्येतर वास्तविक संख्या x को व्युत्क्रम $1/x$ से जोड़ता है, व्युत्क्रम फलन कहलाता है। व्युत्क्रम फलन का प्रांत और परिसर दोनों $R - \{0\}$ के बराबर हैं अर्थात सभी अशून्य वास्तविक संख्याओं का समुच्चय। इसका लेखाचित्र इस प्रकार है :

चरघातांकीय (Exponential) फलनः मान लीजिए $a \neq 1$ एक धनात्मक वास्तविक संख्या है। तब $f: R \to (0, \infty)$ जो की $f(x) = a^x$ द्वारा परिभाषित है, चर घातांकीय फलन कहलाता है। इसका प्रांत R और परिसर $(0, \infty)$ है।

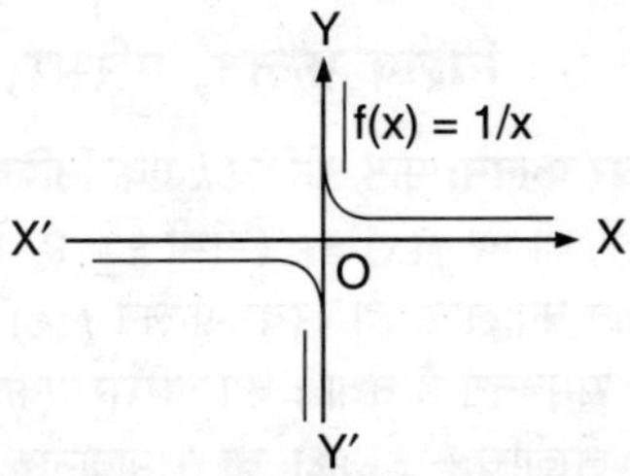

चित्र 2.10: व्युत्क्रम फलन का लेखाचित्र

लघुगणकीय फलनः संकेतन $\ln x$ का उपयोग वास्तविक संख्या x के प्राकृतिक लघुगणक को दर्शाने के लिए किया जाता है। $\log_e x$, अर्थात x का लघुगणक आधार e पर, को फलन ln और log भी लिखा जाता है। एक सम्मिश्र चर के फलनों के साथ काम करते समय संकेतन $\log z$, जहाँ $z = re^{i\theta}$, $\log z = \ln r + i\theta$ बन जाता है।

लघुगणक के गुणः माना कि m और n स्वेच्छिक धनात्मक संख्याये इस प्रकार है, कि जब $a > 0, a \neq 1, b > 0, b \neq 1$ तब

(i) $\log_a a = 1, \log_a 1 = 0$

(ii) $\log_a b . \log_b a = 1 \Rightarrow \log_a b = \dfrac{1}{\log_b a}$

(iii) $\log_a (mn) = \log_a m + \log_a n$

(iv) $\log_a \left(\dfrac{m}{n}\right) = \log_a m - \log_a n$

(v) $\log_a m^x = x \log_a m$

(vi) $a^{\log_a m} = m$

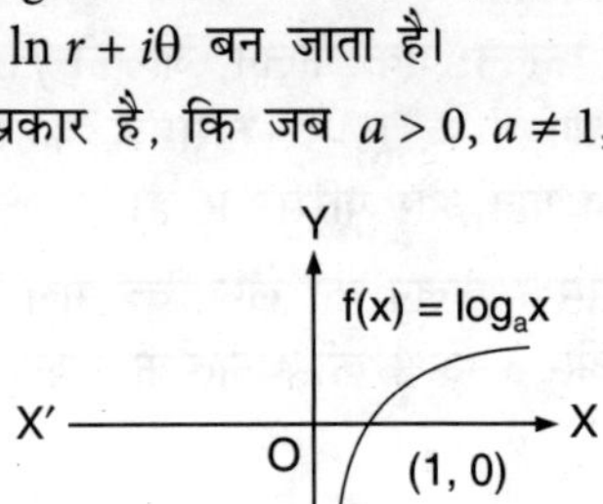

चित्र 2.11: लघुगणक ($\log_a x$, जब $a > 1$) का लेखाचित्र

सम फलनः एक फलन 'f' को सम फलन कहा जाता है, यदि सभी $x \in D_f$ के लिए $f(-x) = f(x)$.

विषम फलनः एक फलन 'f' को विषम फलन कहा जाता है, यदि सभी $x \in D_f$ के लिए $f(-x) = -f(x)$.

अंतराल: किन्हीं दो वास्तविक संख्याओं के बीच की संख्याओं के समुच्चय को अंतराल कहते हैं।

(a) **संवृत अंतराल:** $[a, b] = \{x, a \leq x \leq b\}$

(b) **विवृत अंतराल:** (a, b) or $]a, b[= \{x, a < x < b\}$

(c) **अर्द्ध विवृत या अर्द्ध संवृत अंतराल:** $[a, b[$ or $[a, b) = \{x\,; a \leq x < b\}$

$]a, b]$ or $(a, b] = \{x\,; a < x \leq b\}$

फलन का लेखाचित्र

2.2 फलन की सीमा

कभी-कभी हमारे सामने कुछ ऐसे फलन आते हैं जिनका चर के किसी विशेष मान के अनुरूप निश्चित मान नहीं होता है। उदाहरण के लिए, फलन

$$f(x) = \frac{x^2 - 4}{x - 2},\ f(2) = \frac{4 - 4}{2 - 2} = \frac{0}{0}$$

का मान निर्धारित नहीं किया जा सकता हैं। ऐसे रूप को अनिर्धारित रूप कहा जाता है। कुछ अन्य अनिर्धारित रूप $0 \times \infty, 0^0, 1^\infty, \infty - \infty, \frac{\infty}{\infty}, \infty^0, \frac{0}{0}$ हैं।

माना $y = f(x), x$ का एक फलन है, और x के किसी विशेष मान (माना $x = a$) के अनुरूप y का मान अनिर्धारित हैं, तब हम फलन का मान a के निकटतम बिन्दुओ पर निकालते है।

यदि ये मान एक निश्चित अद्वितीय संख्या l की ओर प्रवृत्त होते हैं जैसे जैसे x, 'a' की ओर प्रवृत्त (या तो बाएं से या दाएं से) होता है, तो इस अद्वितीय संख्या l को $x = a$ पर $f(x)$ की सीमा कहा जाता है, और हम इसे लिखते हैं:

$$\lim_{x \to a} f(x) = l$$

'$x \to a$' का अर्थ: मान लीजिए x एक चर है और a एक अचर है। यदि x, 'a' के निकट और निकट मान धारण करता है, तो हम कह सकते हैं कि 'x, a' की ओर प्रवृत्त होता है, और हम इसे '$x \to a$' लिखते हैं।
'x, a की ओर प्रवृत्त होने' का मतलब है।

(i) $x \neq a$

(ii) x, 'a' के निकट और निकट मान धारण करता है, और

(iii) हम किसी भी तरीके को निर्दिष्ट नहीं कर रहे हैं जिससे x को a तक पहुंचना चाहिए। x बाएँ या दाएँ से a तक पहुँच सकता है, जैसा कि चित्र में दिखाया गया है

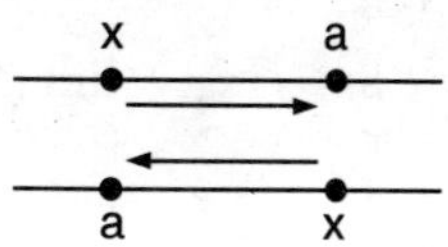

चित्र 2.12: x, a की ओर अग्रसर है

2.2.1 बाईं और दाईं सीमा

यदि x बाईं ओर से 'a' की ओर प्रवृत्त होता है, तब किसी फलन $f(x)$ का मान एक निश्चित अद्वितीय संख्या की ओर प्रवृत्त होता है, तो इस अद्वितीय संख्या को $x = a$ पर $f(x)$ की बाएँ हाथ की सीमा (LHL) कहा जाता है। और इसे हम लिखते हैं:

$$f(a - 0) \text{ या } \lim_{x \to a^-} f(x) \text{ या } \lim_{x \to a-0} f(x)$$

मूल्यांकन के लिए,

$$f(a - 0) = \lim_{h \to 0} f(a - h)$$

इसी प्रकार, हम $x = a$ पर $f(x)$ के दाहिने हाथ की सीमा (RHL) को परिभाषित कर सकते हैं। इस स्थिति में x दाईं ओर से 'a' की ओर प्रवृत्त होता है। और इसे हम लिखते हैं:

$f(a+0)$ या $\lim_{h\to a^+} f(x)$ या $\lim_{h\to a+0} f(x)$

मूल्यांकन के लिए,

$f(a+0) = \lim_{h\to 0} f(a+h)$

बाईं और दाईं सीमा निकालना

(i) फलन की दाएँ हाथ की सीमा ज्ञात करने के लिए हम x के स्थान पर $(x+h)$ लिखते हैं जबकि बाएँ हाथ की सीमा के लिए हम x के स्थान पर $(x\text{-}h)$ लिखते हैं।

(ii) इस प्रकार प्राप्त फलन में हम x को a से प्रतिस्थापित करते हैं।

(iii) इस प्रकार हम सीमा (limit) $h \to 0$ ज्ञात करते है।

2.2.2 सीमा का अस्तित्व

किसी बिंदु पर किसी फलन की सीमा का अस्तित्व (exists) तभी होता है, जब उस बिंदु पर उसकी बाएँ हाथ की सीमा और दाएँ हाथ की सीमा का अस्तित्व होता है, और बराबर होती है। इस प्रकार

$\lim_{x\to a} f(x)$ का अस्तित्व है, यदि $\lim_{x\to a^-} f(x) = \lim_{x\to a^+} f(x) = l$

जहाँ l को फलन की सीमा कहते हैं।

उदाहरण 6: यदि $f(x) = \begin{cases} x^2+2, x \ge 1 \\ 2x+1, x<1 \end{cases}$ तब $\lim_{x\to 1} f(x)$ बराबर

(A) 1 (B) 2

(C) 3 (D) अस्तित्व नहीं है

हल: $\lim_{x\to 1^-} f(x) = \lim_{h\to 0} [2(1-h)+1] = 3$

$$\lim_{x\to 1^+} f(x) = \lim_{h\to 0} [(1+h)^2 + 2] = 3$$

Since LHL = RHL, so $\lim_{h\to 1} f(x) = 3$.

उदाहरण 7: मान ज्ञात कीजिये: $\lim_{x\to -1}\left(\dfrac{x^2-1}{x^2+3x+2}\right)$

हल: Limit = $\lim_{x\to -1} \dfrac{(x-1)(x+1)}{(x+2)(x+1)} = \dfrac{-1-1}{-1+2} = -2$

कुछ मानक सीमाएं

(i) $\lim_{x\to a} \dfrac{x^n - a^n}{x-a} = na^{n-1}$ (ii) $\lim_{x\to 0} \dfrac{\sin x}{x} = 1$

(iii) $\lim_{x\to 0} \dfrac{a^x - 1}{x} = \log_e a \quad a>0$ (iv) $\lim_{x\to 0} (1+x)^{\frac{1}{x}} = e$

उदाहरण 8: यदि $\lim_{x\to 2}\dfrac{x^n-2^n}{x-2}=80$ जहाँ n एक धनात्मक पूर्णांक है, तब $n=$

हल: $\lim_{x\to 2}\dfrac{x^n-2^n}{x-2}=n.2^{n-1}\Rightarrow n.2^{n-1}=80\Rightarrow n=5$

उदाहरण 9: मान ज्ञात कीजिये: $\lim_{x\to\sqrt{2}}\dfrac{x^4-4}{x-\sqrt{2}}$

हल:
$$\lim_{x\to\sqrt{2}}\frac{x^4-4}{x-\sqrt{2}}=\lim_{x\to\sqrt{2}}\frac{x^4-\left(\sqrt{2}\right)^4}{x-\sqrt{2}}$$
$$=4\left(\sqrt{2}\right)^{4-1}=4\left(\sqrt{2}\right)^3=4\times\left(2\sqrt{2}\right)=8\sqrt{2}$$

उदाहरण 10: मान ज्ञात कीजिये: $\lim_{x\to 16}\dfrac{x^{\frac{3}{4}}-8}{x-16}$

हल:
$$\lim_{x\to 16}\frac{x^{\frac{3}{4}}-8}{x-16}=\lim_{x\to 16}\frac{x^{\frac{3}{4}}-(16)^{\frac{3}{4}}}{x-16}$$
$$=\frac{3}{4}(16)^{\frac{3}{4}-1}=\frac{3}{4}(16)^{\frac{-1}{4}}=\frac{3}{4}\left(\frac{1}{16}\right)^{\frac{1}{4}}$$
$$=\frac{3}{4}\times\frac{1}{2}=\frac{3}{8}$$

उदाहरण 11: मान ज्ञात कीजिये: $\lim_{x\to -1}\dfrac{x^{17}+1}{x^9+1}$

हल:
$$\lim_{x\to -1}\frac{x^{17}+1}{x^9+1}=\lim_{x\to -1}\frac{x^{17}-(-1)^{17}}{x^9-(-1)^9}$$
$$=\frac{\lim_{x\to -1}\dfrac{x^{17}-(-1)^{17}}{x-1}}{\lim_{x\to -1}\dfrac{x^9-(-1)^9}{x-1}}=\frac{17(-1)^{16}}{9(-1)^8}=\frac{17}{9}$$

उदाहरण 12: मान ज्ञात कीजिये: $\lim_{x\to 0}\dfrac{\sin 3x}{5x}$

हल:
$$\lim_{x\to 0}\frac{\sin 3x}{5x}=\lim_{x\to 0}\left(\frac{\sin 3x}{5x}\times\frac{3}{3}\right)$$
$$=\frac{3}{5}\lim_{3x\to 0}\frac{\sin 3x}{3x}\qquad \{\because 3x\to 0 \text{ as } x\to 0$$
$$=\frac{3}{5}\times 1\qquad \{\because \lim_{x\to 0}\frac{\sin x}{x}=1=\frac{3}{5}$$

उदाहरण 13: मान ज्ञात कीजिये: $\lim\limits_{x\to 0}\dfrac{5x\cos x-2\sin x}{7x+5\sin x}$

हल:
$$\lim_{x\to 0}\frac{5x\cos x-2\sin x}{7x+5\sin x}=\lim_{x\to 0}\frac{\dfrac{5x\cos x-2\sin x}{x}}{\dfrac{7x+5\sin x}{x}}$$

$$=\lim_{x\to 0}\frac{\dfrac{5x\cos x}{x}-\dfrac{2\sin x}{x}}{\dfrac{7x}{x}+\dfrac{5\sin x}{x}}=\lim_{x\to 0}\frac{5\cos x-2\dfrac{\sin x}{x}}{7+5\dfrac{\sin x}{x}}$$

$$=\frac{5\lim\limits_{x\to 0}\cos x-2\lim\limits_{x\to 0}\dfrac{\sin x}{x}}{\lim\limits_{x\to 0}7+5\lim\limits_{x\to 0}\dfrac{\sin x}{x}}$$

$$=\frac{5(1)-2(1)}{7+5(1)}=\frac{3}{12}=\frac{1}{4}$$

उदाहरण 14: मान ज्ञात कीजिये: $\lim\limits_{x\to 0}\dfrac{1-\cos 2x}{x}$

हल:
$$\lim_{x\to 0}\frac{1-\cos 2x}{x}=\lim_{x\to 0}\frac{x.2\sin^2 x}{x^2}=2.\lim_{x\to 0}\left(\frac{\sin x}{x}\right)^2\cdot\lim_{x\to 0}x=0$$

उदाहरण 15: मान ज्ञात कीजिये: $\lim\limits_{\theta\to 0}\dfrac{\operatorname{cosec}\theta-\cot\theta}{\theta}$

हल:
$$\lim_{\theta\to 0}\frac{\operatorname{cosec}\theta-\cot\theta}{\theta}=\lim_{\theta\to 0}\frac{\dfrac{1}{\sin\theta}-\dfrac{\cos\theta}{\sin\theta}}{\theta}$$

$$=\lim_{\theta\to 0}\frac{1-\cos\theta}{\theta\sin\theta}=\lim_{\theta\to 0}\frac{1-\cos\theta}{\theta\sin\theta}\times\frac{1+\cos\theta}{1+\cos\theta}$$

$$=\lim_{\theta\to 0}\frac{1-\cos^2\theta}{\theta\sin\theta(1+\cos\theta)}=\lim_{\theta\to 0}\frac{\sin\theta}{\theta(1+\cos\theta)}$$

$$=\frac{\lim\limits_{x\to 0}\dfrac{\sin\theta}{\theta}}{\lim\limits_{x\to 0}(1+\cos\theta)}=\frac{1}{1+1}=\frac{1}{2}$$

उदाहरण 16: मान ज्ञात कीजिये: $\lim\limits_{x\to 0}\dfrac{\sec 5x-\sec 3x}{\sec 3x-\sec x}$

हल: ∴
$$\lim_{x\to 0}\frac{\sec 5x-\sec 3x}{\sec 3x-\sec x}=\lim_{x\to 0}\frac{\cos 3x-\cos 5x}{\cos x-\cos 3x}\cdot\frac{\cos x}{\cos 5x}$$

$$=\lim_{x\to 0}\frac{2\sin 4x\sin x}{2\sin 2x\sin x}\cdot\frac{\cos x}{\cos 5x}$$

$$= \lim_{x\to 0}\frac{\sin 4x}{\sin 2x}\cdot\frac{4x}{4x}\cdot\frac{\cos x}{\cos 5x} = \frac{2\lim\limits_{4x\to 0}\dfrac{\sin 4x}{4x}}{\lim\limits_{2x\to 0}\dfrac{\sin 2x}{2x}}\cdot\lim_{x\to 0}\frac{\cos x}{\cos 5x}$$

$$= \frac{2(1)}{1}\cdot\frac{1}{1} = 2$$

उदाहरण 17: मान ज्ञात कीजिये: $\lim\limits_{x\to 0}\dfrac{2^{x+3}-8}{x}$

हल:
$$\lim_{x\to 0}\frac{2^{x+3}-8}{x} = \lim_{x\to 0}\frac{2^x\cdot 2^3-2^3}{x} = \lim_{x\to 0}\frac{2^3\left(2^x-1\right)}{x}$$

$$= 8\lim_{x\to 0}\frac{\left(2^x-1\right)}{x} = 8\times\log_e 2 = \log_e 256$$

उदाहरण 18: मान ज्ञात कीजिये: $\lim\limits_{x\to e}\dfrac{1-\log x}{e-x}$

हल: माना कि, $\log_e x = y$

$\therefore\quad x = e^y$ (लघुगणक की परिभाषा के अनुसार) और $x\to e \Rightarrow y\to 1$

$$\lim_{x\to e}\frac{1-\log x}{e-x} = \lim_{y\to 1}\frac{1-y}{e-e^y} = \lim_{y\to 1}\frac{1}{e}\left(\frac{y-1}{e^{y-1}-1}\right)$$

$$= \frac{1}{e}\lim_{y\to 1}\left(\frac{1}{\dfrac{e^{y-1}-1}{y-1}}\right) = \frac{1}{e}\left(\frac{\lim\limits_{y\to 1}1}{\lim\limits_{y-1\to 0}\dfrac{e^{y-1}-1}{y-1}}\right) \quad \{\because y\to 1 \Rightarrow y-1\to 0$$

$$= \frac{1}{e}\times\frac{1}{1} \quad \left\{\because \lim_{x\to 0}\frac{e^x-1}{x} = 1\right.$$

$$= \frac{1}{e}$$

उदाहरण 19: मान ज्ञात कीजिये: $\lim\limits_{x\to 0}\dfrac{e^{\sin x}-1}{x}$

हल:
$$\lim_{x\to 0}\frac{e^{\sin x}-1}{x} = \lim_{x\to 0}\frac{e^{\sin x}-1}{\sin x}\times\frac{\sin x}{x}$$

$$= \lim_{\sin x\to 0}\frac{e^{\sin x}-1}{\sin x}\times\lim_{x\to 0}\frac{\sin x}{x} = 1\times 1 = 1 \quad \{\because x\to 0 \text{ तब } \sin x\to 0$$

उदाहरण 20: मान ज्ञात कीजिये: $\lim\limits_{x\to 0}\left(1+3x\right)^{\frac{2}{x}}$

हल:
$$\lim_{x\to 0}\left(1+3x\right)^{\frac{2}{x}} = \lim_{x\to 0}\left(1+3x\right)^{\frac{1}{3x}\times 6}$$

$$= \lim_{3x\to 0}\left[\left(1+3x\right)^{\frac{1}{3x}}\right]^6 = \left[\lim_{3x\to 0}\left(1+3x\right)^{\frac{1}{3x}}\right] = e^6$$

उदाहरण 21: मान ज्ञात कीजिये: $\lim_{x\to\infty}\left(1+\frac{2}{3x}\right)^{5x}$

हल:
$$\lim_{x\to\infty}\left(1+\frac{2}{3x}\right)^{5x} = \lim_{x\to\infty}\left(1+\frac{2}{3x}\right)^{\frac{3x}{2}\times\frac{10}{3}}$$

$$= \left[\lim_{\frac{2}{3x}\to 0}\left(1+\frac{2}{3x}\right)^{\frac{3x}{2}}\right]^{\frac{10}{3}} \quad \left\{x\to\infty \text{ तब } \frac{1}{x}\to 0\right.$$

$$= e^{\frac{10}{3}}$$

उदाहरण 22: मान ज्ञात कीजिये: $\lim_{x\to 0}\frac{x\log(x+1)}{1-\cos x}$

हल:
$$\lim_{x\to 0}\frac{x\log(x+1)}{1-\cos x} = \lim_{x\to 0}\frac{\frac{x\log(x+1)}{x^2}}{\frac{1-\cos x}{x^2}}$$

$$= \lim_{x\to 0}\frac{\frac{1}{x}\log(x+1)}{\frac{2\sin^2\frac{x}{2}}{x^2}} = \frac{\lim_{x\to 0}\frac{1}{x}\log(x+1)}{\lim_{x\to 0}\frac{2\sin^2\frac{x}{2}}{x^2}}$$

$$= \frac{\lim_{x\to 0}\log(x+1)^{\frac{1}{x}}}{\lim_{x\to 0}\frac{2\left(\sin\frac{x}{2}\right)^2}{x^2\times\frac{4}{4}}} = \frac{\log\lim_{x\to 0}(x+1)^{\frac{1}{x}}}{\frac{1}{2}\lim_{x\to 0}\frac{\left(\sin\frac{x}{2}\right)^2}{\left(\frac{x}{2}\right)^2}}$$

$$= \frac{\log\lim_{x\to 0}(x+1)^{\frac{1}{x}}}{\frac{1}{2}\left[\lim_{x\to 0}\frac{\sin\left(\frac{x}{2}\right)}{\left(\frac{x}{2}\right)}\right]^2} = \frac{\log e}{\frac{1}{2}(1)} = 2$$

अनुप्रयोग (वास्तविक जीवन / औद्योगिक)

चक्रवृद्धि ब्याजः

उदाहरण 1. एक निवेशक म्यूच्यूअल फण्ड में 20,000 रुपये 3% की दर से जमा करता है। 1 वर्ष के अंत में निवेश का मूल्य कितना है, यदि ब्याज चक्रवृद्धि है:

(a) सालाना? (b) अर्धवार्षिक? (c) त्रैमासिक?

तनाव कारकों का पैमाना (Scaling):

उदाहरण 2. मनोविज्ञान में स्केलिंग नामक एक प्रक्रिया का उपयोग जीवन के अनुभवों के समूह को संख्यात्मक रेटिंग देने के लिए किया जाता है। नीचे दी गई तालिका में, विभिन्न घटनाओं को तनाव के स्तर के अनुसार 1 से 100 के पैमाने पर रेट किया गया है।

तालिका 2.1: घटनाएँ और उनके प्रभाव का पैमाना

आयोजन	प्रभाव का पैमाना
जीवनसाथी की मृत्यु	90
तलाक	63
दोषी ठहराया	53
विवाह	30
बेरोजगार	57
गर्भावस्था	40
₹ 10,000 से अधिक लोन	32
स्कूलों में बदलाव	30
₹ 10,000 से कम लोन	20
उत्सव मनाना	12

(a) क्या उपरोक्त तालिका एक फलन का प्रतिनिधित्व करती है? क्यों या क्यों नहीं?

(b) निवेश (इनपुट) क्या हैं? उत्पादन (आउटपुट) क्या हैं?

तंत्रिका आवेग गतिः

उदाहरण 3. तंत्रिका तंतुओं में आवेग 283 फीट/सेकंड की गति से यात्रा करते हैं। t सेकंड में तय की गई दूरी D, फीट में, $D = 283t$ द्वारा दी गई है। 5.5 फीट लंबे व्यक्ति के मस्तिष्क से पैर की उंगलियों तक यात्रा करने के लिए आवेग को कितना समय लगेगा?

सोडा, जलपान या स्टाम्प मशीनः

उदाहरण 4. उपयोगकर्ता पैसे डालता है, एक विशिष्ट बटन को पंच करता है, और एक विशिष्ट वस्तु उत्पादन खांचे में चली जाती है। फलन नियम, उत्पाद की कीमत है। निविष्ट, धन है, जिसे चयनित बटन के साथ संयुक्त किया गया है। उत्पादन, वह उत्पाद है, जो कभी कभी छुट्टे सिक्के के रूप में दिया जाता है, यदि उपयोगकर्ता ने आवश्यक वस्तु से अधिक धन दर्ज किया है।

परिवर्तन की दर:

उदाहरण 5. एक एथलीट अगली मैराथन के लिए शाम के समय सामान्य अभ्यास शुरू करता है। शाम 6:15 बजे वह दौड़ना शुरू करता है और घर से निकल जाता है। शाम 7:45 बजे, एथलीट ने घर पर दौड़ पूरी की और कुल 6.5 मील की दौड़ लगाई। दौड़ के दौरान उसकी औसत गति कितनी तेज थी?

बहु समीकरणों वाला वास्तविक जीवन प्रतिरूप (मॉडल):

उदाहरण 6. शुरू में, ट्रेन A और B एक दूसरे से 305 मील दूर हैं। ट्रेन A, B की ओर 40 मील प्रति घंटे की गति से यात्रा कर रही है और ट्रेन B, A की ओर 70 मील प्रति घंटे की गति से यात्रा कर रही है। दोनों ट्रेनें कितने समय पश्चात् मिलेंगी? इस समय ट्रेनें द्वारा कितनी यात्रा की गई?

सीमा के उदाहरण:

उदाहरण 7. ठंडे पानी के गिलास में डूबी हुई गर्म छड़ के तापमान को मापना एक सीमा है। अन्य उदाहरण, जैसे विद्युत, चुंबकीय या गुरुत्वाकर्षण क्षेत्र की ताकत को मापना। सीमाओं के मामले में, जब हम इसे अनंत से जोड़ते हैं तो इसका मतलब है कि संख्याएं कैसे व्यवहार करती हैं जैसे जैसे वे बड़ी या श्रंखला के रूप में होती जाती है, जहाँ नई संख्याएँ लगातार जुड़ती जाती हैं।

रासायनिक अभिक्रिया:

उदाहरण 8. एक बीकर में रासायनिक अभिक्रिया प्रारंभ हुई जिसमें दो भिन्न यौगिक अभिक्रिया करके एक नया यौगिक बनाते हैं। अब जैसे-जैसे समय अनंत के करीब पहुंच रहा है, बनने वाले नए यौगिक की मात्रा एक सीमा है।

उदाहरण 9. शहर A और B के बीच 3000 किमी की उड़ान भरने के लिए एक जेट हवाई जहाज का औसत 830 किमी/घंटा है। उड़ान में कितने घंटे लगते हैं?

यूनिट सारांश

इस इकाई में पहला खंड फलनों की अवधारणा, फलनों के प्रकार, फलनों के लेखाचित्र और इससे संबंधित गुणों को प्रस्तुत करने के लिए समर्पित है। दूसरे खंड में सीमा की अवधारणा को विभिन्न प्रकारों के साथ प्रस्तुत किया गया है। प्रत्येक खंड के बाद संशोधित ब्लूम के वर्गीकरण के अनुसार कठिनाइयों के बढ़ते स्तर के साथ-साथ हल किये हुए प्रश्न दिए गए हैं, अभ्यास के लिए अभ्यास कार्य प्रदान करते समय समान पैटर्न अपनाया गया है। मुख्य अवधारणाओं, सीमाओं और अवकलज के अनुप्रयोगों को सुदृढ़ करने के लिए नए उदाहरणों का अभिकल्पन किया गया है, ताकि छात्र सूत्र याद करने की बजाय,विश्लेषणात्मक उपकरण के रूप में अवकलज के साथ परिचित हो सके। गणितीय समीकरण कई प्रकार के अनुप्रयोगों के प्रतिरूप के रूप में काम कर सकते हैं। एक दिलचस्प तथ्य के रूप में कुछ खुले प्रश्न भी दिए गए है, ये मौखिक प्रश्न प्रमुख पदों और अवधारणाओं की अवधारणात्मक समझ का आकलन करने में मदद करेंगे। दूसरी ओर, बीजगणितीय समस्याएं छात्रों को बीजीय जोड़तोड़ लागू करने में मदद करेंगी, ग्राफिकल समस्याएं छात्रों की ग्राफ बनाने या व्याख्या करने की क्षमता का आकलन करती हैं। संख्यात्मक समस्याओं के लिए छात्र को गणना या गणना करने की आवश्यकता होती है। वास्तविक दुनिया के अनुप्रयोग यथार्थवादी समस्या का परिदृश्य प्रस्तुत करते हैं।

अभ्यास

बहुविकल्पीय प्रश्न

1. यदि $f(x)=\dfrac{1}{\sqrt{x+2\sqrt{2x-4}}}+\dfrac{1}{\sqrt{x-2\sqrt{2x-4}}}$, $x>2$ के लिए, तब $f(11)=$ ....

(a) $\frac{7}{6}$ (b) $\frac{5}{6}$

(c) $\frac{6}{7}$ (d) $\frac{5}{7}$

2. फलन $f(x)=\dfrac{x^2-3x+2}{x^2+x-6}$ का प्रांत

(a) $\{x: x\in R,\ x\neq 3\}$ (b) $\{x: x\in R,\ x\neq 2\}$

(c) $\{x: x\in R\}$ (d) $\{x: x\in R,\ x\neq 2, x\neq -3\}$

3. फलन $f(x)=\dfrac{1}{x^3-x}$ का प्रांत

(a) $R-\{-1, 0, 1\}$ (b) R

(c) $R-\{0, 1\}$ (d) इनमे से कोई नहीं

4. फलन $f(x)=\dfrac{x^2}{1+x^2}$ का परिसर

(a) $R-\{1\}$ (b) $R^+\cup\{0\}$

(c) $[0, 1]$ (d) इनमे से कोई नहीं

5. यदि फलन $f(x)=x^2-6x+7$ का प्रांत $(-\infty, \infty)$ है, तब फलन का परिसर है:

(a) $(-\infty, \infty)$ (b) $[-2, \infty)$

(c) $(-2, 3)$ (d) $(-\infty, -2)$

6. फलन $f(x)=\dfrac{1}{\sqrt{x+2}}$ का प्रांत

(a) R (b) $(-2, \infty)$

(c) $[2, \infty]$ (d) $[0, \infty)$

7. फलन $\sqrt{2-x}-\dfrac{1}{\sqrt{9-x^2}}$ का प्रांत

(a) $(-3, 1)$ (b) $[-3, 1]$

(c) $(-3, 2]$ (d) $[-3, 1)$

8. फलन $\dfrac{\sqrt{1+x}-\sqrt{1-x}}{x}$ का प्रांत

(a) $(-1, 1)$ (b) $(-1, 1)-\{0\}$

(c) $[-1, 1]$ (d) $[-1, 1]-\{0\}$

9. फलन $f(x)=\sqrt{x-x^2}+\sqrt{4+x}+\sqrt{4-x}$ का प्रांत

(a) $[-4, \infty)$ (b) $[-4, 4]$

(c) $[0, 4]$ (d) $[0, 1]$

फलन की सीमा पर आधारित समस्याएं

10. $\lim_{x\to 0} \dfrac{x}{\sqrt{1+x}-\sqrt{1-x}} =$ ....

(a) $\frac{1}{2}$ (b) 2

(c) 1 (d) 0

11. $\lim_{x\to 0} \dfrac{\tan 2x - x}{3x - \sin x} =$ ....

(a) $\frac{2}{3}$ (b) $\frac{1}{3}$

(c) $\frac{1}{2}$ (d) 0

12. $\lim_{x\to \infty} \left(\dfrac{x+2}{x+1}\right)^{x+3} =$ ....

(a) 1 (b) e

(c) e^2 (d) e^3

13. $\lim_{x\to 0} \dfrac{\sin x^{\circ}}{x} =$ ....

(a) 1 (b) π

(c) x (d) $\frac{\pi}{180}$

14. यदि $f(x) = \begin{cases} x-1, x<0 \\ 1/4, x=0 \\ x^2, x>0 \end{cases}$ तब $\lim_{x\to 0} f(x) =$ ....

(a) 0 (b) 1

(c) −1 (d) अस्तित्व नहीं है

15. यदि $f(x)=\begin{cases} 4x, & x<0 \\ 1, & x=0 \\ 3x^2, & x>0 \end{cases}$, तब $\lim_{x\to 0} f(x) =$ ....

(a) 0 (b) 1

(c) 3 (d) अस्तित्व नहीं है

16. $\lim_{x\to\infty} \sin x =$ ....

(a) 1 (b) 0

(c) ∞ (d) अस्तित्व नहीं है

17. $\lim_{x\to 0} \sin\frac{1}{x} =$ ....

(a) 0 (b) 1

(c) ∞ (d) अस्तित्व नहीं है

18. $\lim_{x\to 0} x\sin\frac{1}{x} =$ ....

(a) 1 (B) 0

(c) ∞ (d) इनमे से कोई नहीं

19. $\lim_{x\to a} \frac{\sqrt{x}+\sqrt{a}}{x+a} =$ ....

(a) $\sqrt{x}$ (b) $\sqrt{a}$

(c) $\frac{1}{\sqrt{a}}$ (d) $\frac{1}{\sqrt{x}}$

20. $\lim_{x\to\infty} \left(1+\frac{3}{2x}\right)^{\frac{2x}{3}} =$ ....

(a) $\frac{1}{e}$ (b) e

(c) $e^{\frac{2}{3}}$ (d) $e^{\frac{3}{2}}$

बहुविकल्पीय प्रश्नों के उत्तर

1(c), 2(d), 3(a), 4(c), 5(b), 6(b), 7(c), 8(d), 9(d), 10(c), 11(c), 12(b), 13(d), 14(d), 15(a), 16(d), 17(d), 18(b), 19(c), 20(b)

लघु और दीर्घ उत्तरीय प्रश्न

प्र.1. यदि $f(x)=\log x$ तब, सिद्ध कीजिये कि $f(x\cdot y)=f(x)+f(y)$ and $f\left(\frac{x}{y}\right)=f(x)-f(y)$

प्र.2. यदि $f(x)=\tan x$ तब, सिद्ध कीजिये कि $f(2x)=\frac{2f(x)}{1-[f(x)]^2}$

प्र.3. मान ज्ञात कीजिए

(i) $\lim\limits_{x\to 2}\dfrac{x^3-8}{x^2-4}$ (ii) $\lim\limits_{x\to 2}\dfrac{x^3-x^2-5x+6}{x^2-6x+8}$ (iii) $\lim\limits_{x\to a}\dfrac{\sqrt{2a-x}-\sqrt{x}}{a-x}$

प्र.4. मान ज्ञात कीजिए

(i) $\lim\limits_{x\to 1^+}\dfrac{\sqrt{x^2-1}+\sqrt{x-1}}{\sqrt{x^2-1}}$ (ii) $\lim\limits_{x\to 7}\dfrac{\sqrt{9+x}-4}{\sqrt{8-x}-1}$ (iii) $\lim\limits_{x\to\infty}\dfrac{2x^2-3x+5}{4x^2-5x-9}$

प्र.5. मान ज्ञात कीजिए

(i) $\lim\limits_{x\to -3}\dfrac{x^3+27}{x+3}$ (ii) $\lim\limits_{x\to a}\dfrac{\sqrt[3]{x}-\sqrt[3]{a}}{\sqrt[7]{x}-\sqrt[7]{a}}$ (iii) $\lim\limits_{x\to 2}\dfrac{x^7-128}{x^{\frac{1}{2}}-2^{\frac{1}{2}}}$

प्र.6. यदि $\lim\limits_{x\to 3}\dfrac{x^n-3^n}{x-3}=27$ तब n ज्ञात कीजिए

प्र.7. गणना कीजिए

(i) $\lim\limits_{\theta\to 0}\dfrac{\sin(a\theta)}{\sin(b\theta)}$ (ii) $\lim\limits_{x\to\frac{\pi}{4}}\dfrac{2-\sec^2 x}{1-\tan x}$ (iii) $\lim\limits_{\theta\to 0}\dfrac{\text{cosec}\,\theta-\cot\theta}{\theta}$

प्र.8. गणना कीजिए

(i) $\lim\limits_{x\to 0}\dfrac{5^{3x}-3^{2x}}{x}$ (ii) $\lim\limits_{x\to 0}\dfrac{12^x-4^x-3^x+1}{x^2}$ (iii) $\lim\limits_{x\to 0}\dfrac{e^x-\sin x-1}{x}$

प्र.9. आंकलन कीजिए

(i) $\lim\limits_{x\to 0}\left(1+\dfrac{3x}{4}\right)^{\frac{6}{x}}$ (ii) $\lim\limits_{x\to 0}\left(1+\dfrac{4x}{7}\right)^{\frac{3}{2x}}$ (iii) $\lim\limits_{x\to 0}\left(\dfrac{x+2}{x+1}\right)^{x}$

प्र.10. गणना कीजिए

(i) $\lim\limits_{x\to 0}\dfrac{\cos 3x-\cos 2x}{x^2}$ (ii) $\lim\limits_{x\to 0}\dfrac{\sqrt{2}-\sqrt{1+\cos x}}{\sin^2 x}$ (iii) $\lim\limits_{x\to 0}\dfrac{6^x-3^x-2^x-1}{x^2}$

लघु और दीर्घ उत्तरीय प्रश्नों के उत्तर

3. (i) 3 (ii) $-\dfrac{3}{2}$ (iii) $\dfrac{1}{\sqrt{a}}$

4. (i) $\dfrac{\sqrt{2}+1}{\sqrt{2}}$ (ii) $-\dfrac{1}{4}$ (iii) $\dfrac{1}{2}$

5. (i) 27 (ii) $\dfrac{7}{3}(a)^{\frac{4}{21}}$ (iii) $896\sqrt{2}$

6. 3

7.	(i) $\frac{a}{b}$	(ii) 2	(iii) $\frac{1}{2}$
8.	(i) $\log\left(\frac{125}{9}\right)$	(ii) $\log 3 . \log 4$	(iii) 0
9.	(i) $\frac{9}{2}$	(ii) $e^{\frac{6}{7}}$	(iii) e
10.	(i) $-\frac{5}{2}$	(ii) $\frac{1}{4\sqrt{2}}$	(iii) $\log 3 . \log 2$

अधिक जानिए

- कलन का ऐतिहासिक संदर्भ
- सीमा और लेखाचित्र
- सीमा और गुणनखंड
- कलन में प्रयोग की जाने वाली सीमाएँ क्या हैं?
- शिक्षण और सीखने के कार्य
- ऑनलाइन शिक्षण में प्रतिस्थापन
- फलन और सीमा सीखने का सबसे आसान तरीका
- कलन का आविष्कार क्यों किया गया था?
- कलन को सहजता से सीखना
- सीमा को कम जटिल करना
- शिक्षकों के लिए ऑनलाइन शिक्षा उपकरण
- आलोचनात्मक सोच सिखाना
- STEM शिक्षा
- https://nptel.ac.in/courses/111/105/111105121/

लघु परियोजना

(i) इंजीनियरिंग अनुप्रयोगों को दिखाने वाले फलनों के लेखाचित्र बनाने के लिए ग्राफिग कैलकुलेटर का उपयोग करना।

(ii) फलनों और सीमा के साथ वास्तविक दुनिया के अनुप्रयोगों पर आधारित समस्याओं का समूह एकत्र करना।

जिज्ञासा और उत्सुकता विषयक

(i) निवेशित (इनपुट) मान बदलते ही फलन मान (आउटपुट) कैसे बदलते हैं। सीमा की अवधारणा इस अध्ययन का मूल है।

(ii) कुछ फलनो के संबंध में अनंत की क्या भूमिका है, इस प्रश्न का उत्तर सीमा की अवधारणा द्वारा दिया जा सकता है।

(iii) जब एक इंजीनियर एक नई कार डिजाइन करता है, कार के इंजन के माध्यम से गैसोलीन का नमूना छोटे अंतराल के साथ तैयार करना, जिसे जाल (mesh) कहा जाता है, यह समस्या सरल फलन के रूप में जिसे बहुपद कहते है, में परिवर्तित हो जाती है। ये सन्निकटन हमेशा सीमा का उपयोग करते हैं।

(iv) हम एक रैखिक फलन का निर्धारण तालिका और लेखाचित्र से कैसे करते है?

(v) हम यह कैसे निर्धारित करते हैं कि दिया गया समीकरण एक रैखिक समीकरण है या एक अरैखिक समीकरण?

(vi) दैनिक जीवन या वास्तविक दुनिया की समस्याओं के लिए सीमाओं को प्रयुक्त या लागू कैसे किया जाता है?

(vii) क्या होता है जब स्वतंत्र चर बहुत बड़ा हो जाता है? जैसे जैसे t- बढ़ता है, $f(t)$ छोटा होता जाता है, इसका उत्तर प्राप्त किया जा सकता है। इस मामले में $f(t)$ शून्य की ओर जाता है यदि 't' अनंत तक जाता है उदाहरण के लिए सरल हरात्मक गति का अवमंदन।

उपरोक्त प्रश्नों के अलावा, फलन और सीमा के दूसरे अनुप्रयोगों को गति सीमा, वाहन क्षमता, भोजन जो हम लेते है उसकी सीमा, इंटरनेट उपयोग की सीमा, दवाईयाँ जो हम लेते है उसकी मात्रा के साथ सम्बद्ध किया जा सकता है।

संदर्भ एवं अध्ययन हेतु सुझाव

1. E. Krezig, *Advanced Engineering Mathematics*, 10th Edition, Wiley, 2015.
2. H. K. Das, *Advanced Engineering Mathematics*, S. Chand & Co, New Delhi, 2007.
3. B. S. Grewal, *Higher Engineering Mathematics*, Khanna Publication, New Delhi ,2015.
4. S. S. Sastry, *Engineering Mathematics*, Volume 1, PHI Learning, New Delhi, 2009.
5. Alan Jeffrey, *Advanced Engineering Mathematics*, Harcourt/Academic Press, 2002, USA.
6. M.P. Trivedi and P.Y. Trivedi, *Consider Dimension and Replace Pi*, Notion Press, 2018.
7. https://grafeq.en.downloadastro.com/- Graph Eq^n 2.13
8. www.scilab.org/ -SCI Lab
9. https://www.geogebra.org- Geo Gebra
10. https://opentextbc.ca/calculusv1openstax/chapter/the-limit-of-a-function
11. https://www.accessengineeringlibrary.com/?implicit-login=true
12. https://en.wikipedia.org/wiki/Limit_of_a_function#References

3 अवकल गणित

यूनिट विशिष्ट

इस इकाई में निम्नलिखित विषयों पर विस्तार से चर्चा की गई है:

- बीजीय, त्रिकोणमितीय, चरघातांकीय और लघुगणकीय फलनों का परिभाषा द्वारा अवकलन
- योग का अवकलन
- फलनों का गुणनफल और भागफल
- फलन के फलन का अवकलन
- त्रिकोणमितीय और व्युत्क्रम त्रिकोणमितीय फलनों का अवकलन
- लघुगणक का अवकलन
- चरघातांकीय फलन

आगे जिज्ञासा और रचनात्मकता पैदा करने के साथ-साथ समस्या समाधान क्षमता में सुधार के लिए अनुप्रयोग-आधारित समस्याओं पर चर्चा की गई है।

बड़ी संख्या में बहुविकल्पीय प्रश्नों के साथ-साथ ब्लूम के वर्गीकरण के निम्न और उच्च क्रम के अनुसार दो श्रेणियों में चिह्नित लघु और दीर्घ उत्तरीय प्रश्न, कई संख्यात्मक समस्याओं के माध्यम से अभ्यास सामग्री, संदर्भो की एक सूची और अध्ययन सामग्री इकाई में सुझाई गई हैं, जिससे उनके माध्यम से अभ्यास किया जा सके।

सामग्री के आधार पर, 'अधिक जानिए' खंड जोड़ा गया है। इस खंड को सोच समझकर बनाया गया है ताकि इस भाग में दी गई पूरक जानकारी पुस्तक के उपयोगकर्ताओं के लिए फायदेमंद हो। यह खंड मुख्य रूप से अवकल गणित के विकास के बारे में कुछ दिलचस्प तथ्यों से संबंधित शिक्षण और सीखने, अवकलज का अध्ययन क्यों करना, हमारे दैनिक जीवन में कलन का उपयोग कैसे होता है, सीमाएं और अवकलन, दैनिक जीवन में गणितीय सोच क्यों मूल्यवान है, अवकलन सीखने का सबसे सरल तरीका, अवकल गणित का आविष्कार क्यों किया गया था, अवकल गणित को सहजता से सीखना, अवकलन को कम जटिल बनाना, STEM एजुकेशन, आदि पर प्रकाश डालता है।

दूसरी ओर, सुझाई गई सूक्ष्म परियोजनाएँ और बुद्धिशीलता के लिए प्रश्न, इकाई में शामिल विषयों के लिए जिज्ञासा और उत्सुकता पैदा करते हैं।

भूमिका

कलन अभियंताओं, वैज्ञानिकों और अर्थशास्त्रियों की भाषा है। कलन गणित की एक शाखा है जो यह गणना करती है कि पदार्थ, कण और आकाशीय पिंड वास्तव में कैसे गति करते हैं। कलन द्वारा, हम यह पता लगा सकते हैं कि एक तंत्र की बदलती स्थितियां हमें कैसे प्रभावित करती हैं, हम एक तंत्र को नियंत्रित कर सकते हैं। हमारे सामने हमेशा ऐसी राशियाँ आती हैं जो एक-दूसरे के सापेक्ष में परिवर्तित होती हैं और परिवर्तन की इन दरों को अक्सर अवकलज

के रूप में व्यक्त किया जा सकता है। विशेष फलनों के अधिकतम और न्यूनतम मानो उदाहरण के लिए लागत, शक्ति, भवन में उपयोग की जाने वाली सामग्री की मात्रा आदि का निर्धारण करने के लिए, आगे चलकर गतिमान वस्तुओ के व्यव्हार का प्रतिरूप तैयार करने में भी हम अवकलज की अवधारणा का उपयोग करते है। अवकल गणित द्वारा अंतरिक्ष शटल की स्थिति का पता लगाने जैसी विविध और ऐसी ही अन्य समस्याओं को हल किया जाना संभव होता है। कंप्यूटर अब अवकल गणित की ऐसी समस्याएं जो कठिन थी, पर जिनको हल किया जाना जरुरी था, को हल करने का मुल्यवान उपकरण बन चुका है। कलन में एक सुरुचिपूर्ण सुंदरता है जो गणितज्ञों को इसे कला की स्थिति के रूप में देखने के लिए प्रेरित करती है।

पूर्व अपेक्षित ज्ञान

- फलन और उनके लेखाचित्र
- फलन का रूपांतरण
- त्रिकोणमितीय फलन
- त्रिकोणमितीय सार्वसमिकाएँ
- निर्देशांक ज्यामिति
- द्विपद प्रमेय
- सीमा और सातत्यता
- बीजगणितीय तकनीकों से परिचित होना।
- प्रतिस्थापन

यूनिट आउटकम्स (UOs)

इस इकाई के परिणामों (यूनिट आउटकम्स) की सूची इस प्रकार है:

U3-O1: एक चर वाले फलन के अवकलज की गणना करना।

U3-O2: दिए गए बीजीय, त्रिकोणमितीय, प्रतिलोम त्रिकोणमितीय, चर घातांकीय और लघुगणकीय फलनों के अवकलज की गणना करना।

U3-O3: फलन के लेखाचित्र के गुणधर्म के निर्धारण हेतु फलन के अवकलज का उपयोग करना।

U3-O4: दिए गए फलन के अवकलज का लेखाचित्रीय विश्लेषण और ज्यामितीय व्याख्या करने की क्षमता का प्रदर्शन करना।

U3-O5: वास्तविक दुनिया की परिस्थितियों में अवकलज की अवधारणा का प्रयोग करना।

यूनिट आउटकम्स (UOs) का कोर्स आउटकम्स (COs) के साथ परस्पर का संबंध:

यूनिट आउटकम्स	कोर्स आउटकम्स (COs) के साथ अपेक्षित संबंध *(1. कमजोर सहसंबंध; 2. मध्यम सहसंबंध; 3. मजबूत सहसंबंध)*					
	CO-1	**CO-2**	**CO-3**	**CO-4**	**CO-5**	**CO-6**
U3-O1	-	-	1	1	1	1
U3-O2	-	1	2	2	2	2
U3-O3	-	1	3	3	2	1
U3-O4	-	1	3	3	2	1
U3-O5	-	1	3	2	3	2

3.1 एक बिंदु पर फलन का अवकलज

मान लीजिए f एक वास्तविक मान फलन है और इसकी परिभाषा के क्षेत्र में एक बिंदु a है। बिंदु a पर f का अवकलज निम्न द्वारा परिभाषित किया गया है :

$$\lim_{h \to 0} \frac{f(a+h) - f(a)}{h}$$

बशर्ते इस सीमा का अस्तित्व हो। $f(x)$ का बिंदु a पर अवकलज $f'(a)$ द्वारा निरूपित किया जाता है। यह देखा गया है, कि $f'(a), x$ के सापेक्ष बिंदु a पर $f(x)$ में परिवर्तन की मात्रा निर्धारित करता है।

उदाहरण 1: फलन $f(x) = 3x$ का बिंदु $x = 2,$ पर अवकलज ज्ञात कीजिये।

हलः
$$f'(2) = \lim_{h \to 0} \frac{f(2+h) - f(2)}{h} = \lim_{h \to 0} \frac{3(2+h) - 3(2)}{h} = \lim_{h \to 0} \frac{3h}{h} = \lim_{h \to 0} 3 = 3$$

3.1.1 फलन का अवकलज

किसी दिए गए फलन f के लिए हम प्रत्येक बिंदु पर अवकलज ज्ञात कर सकते हैं। यदि प्रत्येक बिंदु पर अवकलज का अस्तित्व है, यह एक नए फलन को परिभाषित करता है, जिसे f का अवकलज कहा जाता है। औपचारिक रूप से, हम एक फलन के अवकलज को निम्नानुसार परिभाषित करते हैं।

$$\lim_{h \to 0} \frac{f(x+h) - f(x)}{h}$$

जहां कहीं भी सीमा का अस्तित्व है, उसे x पर f के अवकलज के रूप में परिभाषित किया गया है, और इसे $f'(x)$ द्वारा दर्शाया गया है। अवकलज की इस परिभाषा को अवकलन का प्रथम सिद्धांत भी कहा जाता है। इस प्रकार

$$\frac{dy}{dx} = f'(x) = \lim_{h \to 0} \frac{f(x+h) - f(x)}{h}$$

3.1.2 परिभाषा के अनुसार कुछ मानक फलनो का अवकलन

उदाहरण 2: $y = f(x) = x^n$ का अवकलज परिभाषा द्वारा ज्ञात कीजिए।

हलः हम जानते है, कि

$$\frac{dy}{dx} = f'(x) = \lim_{h \to 0} \frac{f(x+h) - f(x)}{h} = \lim_{h \to 0} \frac{(x+h)^n - (x)^n}{h}$$

$$= \lim_{x+h \to x} \frac{(x+h)^n - (x)^n}{(x+h) - x} = nx^{n-1};$$ (सीमा $\lim_{x \to a} \frac{x^n - a^n}{x - a} = na^{n-1}$ के अनुप्रयोग से)

उदाहरण 3: $y = f(x) = \sin x$ का अवकलज परिभाषा द्वारा ज्ञात कीजिए।

हलः
$$\frac{dy}{dx} = f'(x) = \lim_{h \to 0} \frac{f(x+h) - f(x)}{h} = \lim_{h \to 0} \frac{\sin(x+h) - \sin(x)}{h}$$

$$= \lim_{h \to 0} \frac{2\cos\left(\frac{x+h+x}{2}\right).\sin\left(\frac{x+h-x}{2}\right)}{h} = \lim_{h \to 0} \frac{\cos\left(x + \frac{h}{2}\right).\sin\left(\frac{h}{2}\right)}{\frac{h}{2}}$$

$$= \lim_{h\to 0}\cos\left(x+\frac{h}{2}\right).\lim_{\frac{h}{2}\to 0}\frac{\sin\left(\frac{h}{2}\right)}{\left(\frac{h}{2}\right)}$$

$= \cos x.1 = \cos x$ (सीमा $\lim_{x\to 0}\frac{\sin x}{x} = 1$ के अनुप्रयोग से)

उदाहरण 4: $y = f(x) = \cos x$ का अवकलज परिभाषा द्वारा ज्ञात कीजिए।

हल: $$\frac{dy}{dx} = f'(x) = \lim_{h\to 0}\frac{f(x+h)-f(x)}{h} = \lim_{x\to 0}\frac{\cos(x+h)-\cos(x)}{h}$$

$$= \lim_{h\to 0}\frac{-2\sin\left(\frac{x+h+x}{2}\right).\sin\left(\frac{x+h-x}{2}\right)}{h} = \lim_{h\to 0}\frac{-\sin\left(x+\frac{h}{2}\right).\sin\left(\frac{h}{2}\right)}{\frac{h}{2}}$$

$$= -\lim_{h\to 0}\sin\left(x+\frac{h}{2}\right).\lim_{\frac{h}{2}\to 0}\frac{\sin\left(\frac{h}{2}\right)}{\left(\frac{h}{2}\right)}$$

$= -\sin x.1 = -\sin x$ (सीमा $\lim_{x\to 0}\frac{\sin x}{x} = 1$ के अनुप्रयोग से)

उदाहरण 5: $y = f(x) = \tan x$, का अवकलज परिभाषा द्वारा ज्ञात कीजिए।

हल: $$\frac{dy}{dx} = f'(x) = \lim_{h\to 0}\frac{f(x+h)-f(x)}{h} = \lim_{h\to 0}\frac{\tan(x+h)-\tan(x)}{h}$$

$$= \lim_{h\to 0}\frac{\frac{\sin(x+h)}{\cos(x+h)}-\frac{\sin x}{\cos x}}{h} = \lim_{h\to 0}\frac{\sin(x+h).\cos x-\sin x.\cos(x+h)}{h.\cos x.\cos(x+h)}$$

$$= \lim_{h\to 0}\frac{\sin(x+h-x)}{h.\cos x.\cos(x+h)} = \lim_{h\to 0}\frac{\sin h}{h}.\lim_{h\to 0}\frac{1}{\cos x.\cos(x+h)}$$

$= 1.\frac{1}{\cos x.\cos x} = \frac{1}{\cos^2 x} = \sec^2 x$ (सीमा $\lim_{x\to 0}\frac{\sin x}{x} = 1$ के अनुप्रयोग से)

उदाहरण 6: $y = f(x) = e^x$, का अवकलज परिभाषा द्वारा ज्ञात कीजिए।

हल: $$\frac{dy}{dx} = f'(x) = \lim_{h\to 0}\frac{f(x+h)-f(x)}{h} = \lim_{h\to 0}\frac{e^{x+h}-e^x}{h}$$

$$= \lim_{h\to 0}\frac{e^x\left(e^h-1\right)}{h} = e^x\lim_{h\to 0}\frac{\left(e^h-1\right)}{h}$$

$= e^x.\log_e e = e^x.1 = e^x$ (सीमा $\lim_{h\to 0}\frac{e^h-1}{h} = 1$ के अनुप्रयोग से)

उदाहरण 7: $y = f(x) = \log_e x$, का अवकलज परिभाषा द्वारा ज्ञात कीजिए।

हल:
$$\frac{dy}{dx} = f'(x) = \lim_{h\to 0}\frac{f(x+h)-f(x)}{h} = \lim_{h\to 0}\frac{\log(x+h)-\log x}{h}$$

$$= \lim_{h\to 0}\frac{\log\left(\frac{x+h}{x}\right)}{h} = \lim_{h\to 0}\frac{1}{h}.\log\left(\frac{x+h}{x}\right) = \lim_{h\to 0}\log\left(\frac{x+h}{x}\right)^{\frac{1}{h}}$$

$$= \log\left[\lim_{h\to 0}\left(1+\frac{h}{x}\right)^{\frac{1}{h}}\right] = \log\left[\left\{\lim_{\frac{h}{x}\to 0}\left(1+\frac{h}{x}\right)^{\frac{x}{h}}\right\}^{\frac{1}{x}}\right] = \log_e e^{\frac{1}{x}} = \frac{1}{x}\log_e e = \frac{1}{x}$$

1. बीजगणितीय फलनो का अवकलन :

(i) $\frac{d}{dx}(x^n) = nx^{n-1}$ (ii) $\frac{d}{dx}\left(\frac{1}{x^n}\right) = -\frac{n}{x^{n+1}}$

(iii) $\frac{d}{dx}(\sqrt{x}) = \frac{1}{2\sqrt{x}}$ (iv) $\frac{d}{dx}(k) = 0$ जहाँ k अचर है

2. त्रिकोणमितीय फलनो का अवकलन :

(i) $\frac{d}{dx}\sin x = \cos x$ (ii) $\frac{d}{dx}\cos x = -\sin x$

(iii) $\frac{d}{dx}\tan x = \sec^2 x$ (iv) $\frac{d}{dx}\sec x = \sec x \tan x$

(v) $\frac{d}{dx}\text{cosec}\, x = -\text{cosec}\, x \cot x$ (iv) $\frac{d}{dx}\cot x = -\text{cosec}^2 x$

3. लघुगणकीय और चर घातांकीय फलनों का अवकलन :

(i) $\frac{d}{dx}\log x = \frac{1}{x}$, $x > 0$ के लिए (ii) $\frac{d}{dx}e^x = e^x$

(iii) $\frac{d}{dx}a^x = a^x \log a$, $a > 0$ के लिए (iv) $\frac{d}{dx}\log_a x = \frac{1}{x \log a}$, $x > 0, a > 0, \neq 1$ के लिए

4. प्रतिलोम त्रिकोणमितीय फलनों का अवकलन :

(i) $\frac{d}{dx}\sin^{-1} x = \frac{1}{\sqrt{1-x^2}}$, $-1 < x < 1$ के लिए (ii) $\frac{d}{dx}\cos^{-1} x = \frac{-1}{\sqrt{1-x^2}}$, $-1 < x < 1$ के लिए

(iii) $\frac{d}{dx}\sec^{-1} x = \frac{1}{|x|\sqrt{x^2-1}}$, $|x| > 1$ के लिए (iv) $\frac{d}{dx}\text{cosec}^{-1} x = \frac{-1}{|x|\sqrt{x^2-1}}$, $|x| > 1$ के लिए

(v) $\frac{d}{dx}\tan^{-1} x = \frac{1}{1+x^2}$, $x \in R$ के लिए (vi) $\frac{d}{dx}\cot^{-1} x = \frac{-1}{1+x^2}$, $x \in R$ के लिए

3.2 फलनो के अवकलन के गुणधर्म

चूँकि अवकलज की परिभाषा में सीमाएँ सीधे तौर पर शामिल हैं, हम मानते है, की अवकलज के लिए नियम, सीमाओं के ज्ञान का अनुसरण करते है। इन्हें निम्नलिखित परिणामों में एकत्र किया जाता है।

मान लीजिए f और g ऐसे दो फलन हैं कि उनके अवकलज एक उभयनिष्ठ प्रांत में परिभाषित हैं। तब

(i) दो फलनों के योग/अंतर का अवकलज, फलनों के अवकलजों का योग/अंतर है।

$$\frac{d}{dx}\left(f(x) \pm g(x)\right) = \frac{d}{dx}f(x) \pm \frac{d}{dx}g(x)$$

(ii) अचर के साथ गुणनफल का अवकलज।

$$\frac{d}{dx}\left(kf(x)\right) = k\frac{d}{dx}f(x)$$

(iii) दो फलनो के गुणनफल का अवकलज निम्न प्रकार होता है।

$$\frac{d}{dx}\left(f(x) \times g(x)\right) = f(x) \times \frac{d}{dx}g(x) + g(x) \times \frac{d}{dx}f(x)$$

(iv) दो फलनो के विभाजन (भागफल) का अवकलज इस प्रकार है:

$$\frac{d}{dx}\left(\frac{f(x)}{g(x)}\right) = \frac{g(x)\frac{d}{dx}f(x) - f(x)\frac{d}{dx}g(x)}{g^2(x)}$$

आधारभूत ज्ञान-कलन

उदाहरण 8: $\frac{d}{dx}\left(\sqrt{x} + \frac{1}{\sqrt{x}}\right)^2 =$

(a) $1 - \frac{1}{x^2}$ (b) $1 + \frac{1}{x^2}$

(c) $1 - \frac{1}{2x}$ (d) इनमें से कोई नहीं

हल: (a) $\frac{d}{dx}\left(\sqrt{x} + \frac{1}{\sqrt{x}}\right)^2 = \frac{d}{dx}\left[x + \frac{1}{x} + 2\right] = 1 - \frac{1}{x^2}$

उदाहरण 9: निम्न का अवकलज ज्ञात कीजिए:

(i) $(x - 1)(x^2 + 3)$

(ii) $\frac{(2x+1)(x^2-3)}{x}$

हल: (i) माना की $y = (x - 1)(x^2 + 3)$

$\therefore \quad y = x^3 - x^2 + 3x - 3$

$\therefore \quad \frac{dy}{dx} = 3x^2 - 2x + 3$

(ii) माना की $y = \frac{(2x+1)(x^2-3)}{x}$

$\therefore \quad y = \frac{2x^3+x^2-6x-3}{x}$

$\therefore \quad y = 2x^2 + x - 6 - \frac{3}{x}$

$\therefore \quad \frac{dy}{dx} = 4x + 1 + —$

उदाहरण 10: निम्न का अवकलज ज्ञात कीजिए:

(i) $(1 + 2x^2) \cos x$ (ii) $2x \sin x - (1 + x^2) \sin x$

हल: (i) माना की $y = (1 + 2x^2)\cos x$

$$\therefore \quad \frac{dy}{dx} = \frac{d}{dx}\left[(1+2x^2)\cos x\right]$$

$$\therefore \quad \frac{dy}{dx} = (1+2x^2)\frac{d}{dx}\cos x + \cos x\frac{d}{dx}(1+2x^2)$$

$$\therefore \quad \frac{dy}{dx} = (1+2x^2)(-\sin x) + \cos x(4x)$$

$$\therefore \quad \frac{dy}{dx} = 4x\cos x - 2x^2\sin x - \sin x$$

(ii) माना की $y = 2x \sin x - (1 + 2x^2) \sin x$

$$\therefore \quad \frac{dy}{dx} = \frac{d}{dx}\left[2x\sin x - \left(1+x^2\right)\sin x\right]$$

$$\therefore \quad \frac{dy}{dx} = \frac{d}{dx}(2x\sin x) - \frac{d}{dx}\left[\left(1+x^2\right)\sin x\right]$$

$$\therefore \quad \frac{dy}{dx} = \left[2x(\cos x) + \sin x(2)\right] - \left[\left(1+x^2\right)(\cos x) + \sin x(2x)\right]$$

$$\therefore \quad \frac{dy}{dx} = \left[2x\cos x + 2\sin x\right] - \left[\cos x + x^2\cos x + 2x\sin x\right]$$

$$\therefore \quad \frac{dy}{dx} = 2x\cos x + 2\sin x - \cos x - x^2\cos x - 2x\sin x$$

उदाहरण 11: ज्ञात कीजिए:

(i) $y = \frac{x^2-4}{3x^2+5}$ (ii) $y = \frac{\sqrt{a}+\sqrt{x}}{\sqrt{a}-\sqrt{x}}$ (iii) $y = \frac{4^x \cot x}{\sqrt{x}}$

हल: (i) $y = \frac{x^2-4}{3x^2+5}$

$$\therefore \quad \frac{dy}{dx} = \frac{\left(3x^2+5\right)\frac{d}{dx}\left(x^2-4\right) - \left(x^2-4\right)\frac{d}{dx}\left(3x^2+5\right)}{\left(3x^2+5\right)^2}$$

$$\therefore \quad \frac{dy}{dx} = \frac{\left(3x^2+5\right)(2x)-\left(x^2-4\right)(6x)}{\left(3x^2+5\right)^2}$$

$$\therefore \quad \frac{dy}{dx} = \frac{6x^3+10x-6x^3+24x}{\left(3x^2+5\right)^2}$$

$$\therefore \quad \frac{dy}{dx} = \frac{34x}{\left(3x^2+5\right)^2}$$

(ii) $y = \dfrac{\sqrt{a}+\sqrt{x}}{\sqrt{a}-\sqrt{x}}$

$$\therefore \quad \frac{dy}{dx} = \frac{\left(\sqrt{a}-\sqrt{x}\right)\frac{d}{dx}\left(\sqrt{a}+\sqrt{x}\right)-\left(\sqrt{a}+\sqrt{x}\right)\frac{d}{dx}\left(\sqrt{a}-\sqrt{x}\right)}{\left(\sqrt{a}-\sqrt{x}\right)^2}$$

$$\therefore \quad \frac{dy}{dx} = \frac{\left(\sqrt{a}-\sqrt{x}\right)\left(\frac{1}{2\sqrt{x}}\right)-\left(\sqrt{a}+\sqrt{x}\right)\left(\frac{-1}{2\sqrt{x}}\right)}{\left(\sqrt{a}-\sqrt{x}\right)^2}$$

$$\therefore \quad \frac{dy}{dx} = \frac{\frac{1}{2\sqrt{x}}\left(\sqrt{a}-\sqrt{x}+\sqrt{a}+\sqrt{x}\right)}{\left(\sqrt{a}-\sqrt{x}\right)^2}$$

$$\therefore \quad \frac{dy}{dx} = \frac{\sqrt{a}}{\sqrt{x}\left(\sqrt{a}-\sqrt{x}\right)^2}$$

(iii) $y = \dfrac{4^x \cot x}{\sqrt{x}}$

$$\therefore \quad \frac{dy}{dx} = \frac{d}{dx}\left(\frac{4^x \cot x}{\sqrt{x}}\right)$$

$$\therefore \quad \frac{dy}{dx} = \frac{\sqrt{x}\frac{d}{dx}\left(4^x \cot x\right)-4^x \cot x \frac{d}{dx}\sqrt{x}}{\left(\sqrt{x}\right)^2}$$

$$\therefore \quad \frac{dy}{dx} = \frac{\sqrt{x}\left[4^x(-\operatorname{cosec}^2 x)+\cot x \cdot 4^x \log 4\right]-4^x \cot x \frac{1}{2\sqrt{x}}}{x}$$

$$\therefore \quad \frac{dy}{dx} = \frac{4^x\left(2x\cot x \log 4-2x\operatorname{cosec}^2 x-\cot x\right)}{2x\sqrt{x}}$$

उदाहरण 12: यदि $f(x) = x\tan^{-1} x$, $f'(1)$ ज्ञात कीजिए।

हल: $f(x) = x\tan^{-1} x$

x के सापेक्ष अवकलन करने पर, हमे मिलता है: $f'(x) = x\dfrac{1}{1+x^2} + \tan^{-1} x$

अब $x = 1$ प्रतिस्थापित करने पर $f'(1) = \dfrac{1}{2} + \tan^{-1}(1) = \dfrac{\pi}{4} + \dfrac{1}{2}$

3.3 संयुक्त फलन का अवकलन (श्रृंखला नियम)

यदि y, u का एक फलन है और u, x का एक फलन है, तो y का x के सापेक्ष अवकलज है

$$\frac{dy}{dx} = \frac{dy}{du}\cdot\frac{du}{dx}$$

व्यापक रूप में

$$\frac{dy}{dx} = \frac{dy}{du}\cdot\frac{du}{dv}\cdots\cdots\frac{dz}{dx}$$

उदाहरण 13: यदि $y = f(x) = \sin x^2$ तो y को x के सापेक्ष अवकलित कीजिए।

हल: $\dfrac{d}{dx}y = \dfrac{d}{dx}\sin x^2 = \cos x^2 \dfrac{d}{dx}x^2 = \cos x^2 .2x$

उदाहरण 14: ज्ञात कीजिए

$$\frac{d}{dx}(\log\tan x) =$$

हल: $\dfrac{d}{dx}(\log\tan x) = \dfrac{1}{\tan x}\sec^2 x = \dfrac{\cos x}{\cos^2 x\sin x} = \dfrac{2}{2}\dfrac{1}{\cos x\sin x} = 2\operatorname{cosec} 2x$

उदाहरण 15: $\dfrac{d}{dx}\tan^{-1}(\sec x + \tan x) =$

हल: $\dfrac{d}{dx}\tan^{-1}(\sec x + \tan x) = \dfrac{d}{dx}\tan^{-1}\left(\dfrac{1 \quad \sin x}{\cos x}\right)$

$$= \frac{d}{dx}\tan^{-1}\left(\frac{\sin\left(\frac{x}{2}\right)+\cos\left(\frac{x}{2}\right)}{\cos\left(\frac{x}{2}\right)-\sin\left(\frac{x}{2}\right)}\right) = \frac{d}{dx}\tan^{-1}\left(\tan\left(\frac{\pi}{4}+\frac{x}{2}\right)\right) = \frac{d}{dx}\left(\frac{\pi}{4}+\frac{x}{2}\right) = \frac{1}{2}$$

उदाहरण 16: $\operatorname{cosec}(2x^2 + 3)$ को x के सापेक्ष अवकलित कीजिए।

हल: माना की $y = \operatorname{cosec}(2x^2 + 3)$

$$\therefore \quad \frac{dy}{dx} = \frac{d}{dx}\left[\operatorname{cosec}(2x^2+3)\right]$$

$$\therefore \quad \frac{dy}{dx} = -\operatorname{co\,sec}(2x^2+3)\cot(2x^2+3)\cdot\frac{d}{dx}(2x^2+3)$$

$$\therefore \quad \frac{dy}{dx} = -4x\operatorname{cosec}(2x^2+3)\cot(2x^2+3)$$

उदाहरण 17: निम्न फलनो को x के सापेक्ष अवकलित कीजिए।

(i) $\sqrt{\dfrac{1-\cos x}{1+\cos x}}$ (ii) $\tan^3 x+\dfrac{1}{3}\tan x+\dfrac{x}{3}$

हल: (i) माना की $y=\sqrt{\dfrac{1-\cos x}{1+\cos x}}$

$$\therefore \quad \frac{dy}{dx}=\frac{d}{dx}\left[\sqrt{\frac{1-\cos x}{1+\cos x}}\right]=\frac{1}{2\sqrt{\frac{1-\cos x}{1+\cos x}}}\cdot\frac{d}{dx}\left(\frac{1-\cos x}{1+\cos x}\right)$$

$$\therefore \quad \frac{dy}{dx}=\frac{1}{2\sqrt{\frac{1-\cos x}{1+\cos x}}}\cdot\left[\frac{(1+\cos x)\cdot\frac{d}{dx}(1-\cos x)-(1-\cos x)\cdot\frac{d}{dx}(1+\cos x)}{(1+\cos x)^2}\right]$$

$$\therefore \quad \frac{dy}{dx}=\frac{1}{2}\sqrt{\frac{1+\cos x}{1-\cos x}}\cdot\left[\frac{(1+\cos x)(\sin x)-(1-\cos x)(-\sin x)}{(1+\cos x)^2}\right]$$

$$\therefore \quad \frac{dy}{dx}=\frac{1}{2}\sqrt{\frac{1+\cos x}{1-\cos x}}\cdot\left[\frac{2\sin x}{(1+\cos x)^2}\right]=\frac{1}{1+\cos x}$$

(ii) माना की $y=\tan^3 x+\dfrac{1}{3}\tan x+\dfrac{x}{3}$

$$\therefore \quad \frac{dy}{dx}=\frac{d}{dx}\left(\tan^3 x+\frac{1}{3}\tan x+\frac{x}{3}\right)$$

$$\therefore \quad \frac{dy}{dx}=3\tan^2 x\frac{d}{dx}(\tan x)+\frac{1}{3}\sec^2 x+\frac{1}{3}$$

$$\therefore \quad \frac{dy}{dx}=3\tan^2 x\sec^2 x+\frac{1}{3}\sec^2 x+\frac{1}{3}$$

3.4 त्रिकोणमितीय और प्रतिलोम त्रिकोणमितीय फलनो का अवकलन

उदाहरण 18: $\dfrac{dy}{dx}$ ज्ञात कीजिए।

(i) $y=\sqrt{1+\sin 2x}+\dfrac{\sqrt{1+\cos 2x}}{1-\cos 2x}$ (ii) $y=\sec^2 x+\tan^2 x$ (iii) $y=\dfrac{1-\sin x}{\cos x}$

हल: (i) $y=\sqrt{1+\sin 2x}+\dfrac{\sqrt{1+\cos 2x}}{1-\cos 2x}$

$$\therefore \quad \frac{dy}{dx}=\frac{d}{dx}\left(\sqrt{1+\sin 2x}+\frac{\sqrt{1+\cos 2x}}{1-\cos 2x}\right)=\frac{d}{dx}\left(\sqrt{1+\sin 2x}\right)+\frac{d}{dx}\left(\frac{\sqrt{1+\cos 2x}}{1-\cos 2x}\right)$$

$$= \frac{1}{2\sqrt{1+\sin 2x}}\frac{d}{dx}(1+\sin 2x)+\frac{d}{dx}\left(\frac{\sqrt{1+2\cos^2 x-1}}{1-1+2\sin^2 x}\right)$$

$$= \frac{1}{2\sqrt{1+\sin 2x}}\left[\frac{d}{dx}(1)+\frac{d}{dx}\sin 2x\right]+\frac{d}{dx}\left(-\frac{1}{\sqrt{2}}\cot x\cdot \text{cosec}x\right)$$

$$= \frac{1}{2\sqrt{1+\sin 2x}}[2\cos 2x]-\frac{1}{\sqrt{2}}\left(\cot x\frac{d}{dx}(\text{cosec}x)+\text{cosec}x\frac{d}{dx}(\cot x)\right)$$

$$= \frac{\cos 2x}{\sqrt{1+\sin 2x}}-\frac{1}{\sqrt{2}}\left[\cot x(-\text{cosec}x\cot x)+\text{cosec}x(-\text{cosec}^2 x)\right]$$

$$= \frac{\cos 2x}{\sqrt{1+\sin 2x}}+\frac{\text{cosec}x}{\sqrt{2}}\left[\cot^2 x+\text{cosec}^2 x\right]$$

(ii) $y = \sec^2 x+\tan^2 x$

$$\therefore \quad \frac{dy}{dx} = \frac{d}{dx}(\sec^2 x+\tan^2 x)=\frac{d}{dx}(\sec^2 x)+\frac{d}{dx}(\tan^2 x)$$

$$= 2\sec x\cdot \sec x\tan x+2\tan x\cdot \sec^2 x=4\tan x\cdot \sec^2 x$$

या

$$y = \sec^2 x+\tan^2 x=\sec^2 x+1+\sec^2 x=2\sec^2 x-1$$

$$\therefore \quad \frac{dy}{dx} = \frac{d}{dx}(\sec^2 x+\tan^2 x)=\frac{d}{dx}(2\sec^2 x+1)=4\sec x\cdot \sec x\tan x$$

$$= 4\tan x\cdot \sec^2 x$$

(iii) $y = \dfrac{1-\sin x}{\cos x}$

$$\therefore \quad \frac{dy}{dx} = \frac{d}{dx}\left(\frac{1-\sin x}{\cos x}\right)=\frac{\cos x\frac{d}{dx}(1-\sin x)-(1-\sin x)\frac{d}{dx}(\cos x)}{\cos^2 x}$$

$$= \frac{\cos x(-\cos x)-(1-\sin x)(-\sin x)}{\cos^2 x}=\frac{-\cos^2 x+\sin x-\sin^2 x}{\cos^2 x}$$

$$= \frac{\sin x-1}{\cos^2 x}$$

उदाहरण 19: $\dfrac{dy}{dx}$ ज्ञात कीजिए।

(i) $y=\sin^{-1}\left(2x\sqrt{1-x^2}\right)$ (ii) $y=\tan^{-1}\left(\sqrt{\dfrac{1-x}{1+x}}\right)$ (iii) $y=\tan^{-1}\left(\dfrac{2x}{1-x^2}\right)$

हल: (i) $y = \sin^{-1}\left(2x\sqrt{1-x^2}\right)$

माना की $x = \sin\theta \quad \therefore\ \theta = \sin^{-1}x$

और $2x\sqrt{1-x^2} = 2\sin\theta\sqrt{1-\sin^2\theta} = 2\sin\theta\cos\theta = \sin 2\theta$

$$\therefore \quad y = \sin^{-1}\left(2x\sqrt{1-x^2}\right) = \sin^{-1}(\sin 2\theta) = 2\theta = 2\sin^{-1}x$$

$$\therefore \quad \frac{dy}{dx} = \frac{d}{dx}\left(2\sin^{-1}x\right) = 2\frac{1}{\sqrt{1-x^2}} = \frac{2}{\sqrt{1-x^2}}$$

(ii) $y = \tan^{-1}\left(\sqrt{\frac{1-x}{1+x}}\right)$

माना की $x = \cos\theta \quad \therefore \theta = \cos^{-1}x$

और $\sqrt{\frac{1-x}{1+x}} = \sqrt{\frac{1-\cos\theta}{1+\cos\theta}} = \tan\frac{\theta}{2}$

$$\therefore \quad y = \tan^{-1}\left(\sqrt{\frac{1-x}{1+x}}\right) = \tan^{-1}\left(\tan\frac{\theta}{2}\right) = \frac{\theta}{2} = \frac{1}{2}\cos^{-1}x$$

$$\therefore \quad \frac{dy}{dx} = \frac{d}{dx}\left(\frac{1}{2}\cos^{-1}x\right) = \frac{1}{2}\frac{-1}{\sqrt{1-x^2}} = \frac{-1}{2\sqrt{1-x^2}}$$

(iii) $y = \tan^{-1}\left(\frac{2x}{1-x^2}\right)$

माना की $x = \tan\theta \quad \therefore \theta = \tan^{-1}x$

और $\frac{2x}{1-x^2} = \frac{2\tan\theta}{1-\tan^2\theta} = \tan 2\theta$

$$\therefore \quad y = \tan^{-1}\left(\frac{2x}{1-x^2}\right) = \tan^{-1}(\tan 2\theta) = 2\theta = 2\tan^{-1}x$$

$$\therefore \quad \frac{dy}{dx} = \frac{d}{dx}\left(2\tan^{-1}x\right) = 2\frac{1}{1+x^2} = \frac{2}{1+x^2}$$

उदाहरण 20: $\frac{dy}{dx}$ ज्ञात कीजिए।

(i) $y = \sin^{-1}\left(3x - 4x^3\right)$ (ii) $y = \cos^{-1}\left(\frac{1-x^2}{1+x^2}\right)$ (iii) $y = \tan^{-1}\left(\frac{1-\sqrt{1-x^2}}{x}\right)$

हल: (i) $y = \sin^{-1}\left(3x - 4x^3\right)$

माना की $x = \sin\theta \quad \therefore \theta = \sin^{-1}x$

और $3x - 4x^3 = 3\sin\theta - 4\sin^3\theta = \sin 3\theta$

$$\therefore \quad y = \sin^{-1}(3x - 4x^3) = \sin^{-1}(\sin 3\theta) = 3\theta = 3\sin^{-1}x$$

$$\therefore \quad \frac{dy}{dx} = \frac{d}{dx}\left(3\sin^{-1}x\right) = 3\frac{1}{\sqrt{1-x^2}} = \frac{3}{\sqrt{1-x^2}}$$

(ii) $y=\cos^{-1}\left(\frac{1-x^2}{1+x^2}\right)$

माना की $x=\tan\theta \quad \therefore \theta=\tan^{-1}x$

और $\frac{1-x^2}{1+x^2}=\frac{1-\tan^2\theta}{1+\tan^2\theta}=\cos 2\theta$

$\therefore \quad y=\cos^{-1}\left(\frac{1-x^2}{1+x^2}\right)=\cos^{-1}(\cos 2\theta)=2\theta=2\tan^{-1}x$

$\therefore \quad \frac{dy}{dx}=\frac{d}{dx}\left(2\tan^{-1}x\right)=2\frac{1}{1+x^2}=\frac{2}{1+x^2}$

(iii) $y=\tan^{-1}\left(\frac{1-\sqrt{1-x^2}}{x}\right)$

माना की $x=\sin\theta \quad \therefore \theta=\sin^{-1}x$

और $\frac{1-\sqrt{1-x^2}}{x}=\frac{1-\cos\theta}{\sin\theta}=\tan\frac{\theta}{2}$

$\therefore \quad y=\tan^{-1}\left(\frac{1-\sqrt{1-x^2}}{x}\right)=\tan^{-1}(\tan\frac{\theta}{2})=\frac{\theta}{2}=\frac{1}{2}\sin^{-1}x$

$\therefore \quad \frac{dy}{dx}=\frac{d}{dx}\left(\frac{1}{2}\sin^{-1}x\right)=\frac{1}{2}\cdot\frac{1}{\sqrt{1-x^2}}=\frac{1}{2\sqrt{1-x^2}}$

3.5 लघुगणकीय और चरघातांकी फलनो का अवकलन

उदाहरण 21: $\frac{dy}{dx}$ ज्ञात कीजिए।

(i) $y=x^{\sqrt{x}}$ (ii) $y=(\sin x)^x+x^{\sin x}$ (iii) $y=\log_{\cos x}\sin x$

हल: (i) $y=x^{\sqrt{x}}$ (दोनों तरफ लघुगणक के उपयोग से)

$\therefore \quad \log y=\sqrt{x}\log x$

$\therefore \quad \log y=\sqrt{x}\log x$

$\therefore \quad \frac{1}{y}\frac{dy}{dx}=\sqrt{x}\frac{d}{dx}(\log x)+\log x\frac{d}{dx}(\sqrt{x})$

$\therefore \quad \frac{1}{y}\frac{dy}{dx}=\sqrt{x}\cdot\frac{1}{x}+\log x\cdot\frac{1}{2\sqrt{x}}=\frac{1}{2\sqrt{x}}(2+\log x)$

(ii) $y=(\sin x)^x+x^{\sin x}$

मान लें कि $u=(\sin x)^x,\ v=x^{\sin x}$

$\therefore \quad \log u=\log(\sin x)^x=x\log(\sin x)$

$$\therefore \quad \frac{1}{u}\frac{du}{dx} = x\frac{d}{dx}\left[\log(\sin x)\right]+\log(\sin x)\frac{d}{dx}(x)$$

$$\therefore \quad \frac{1}{u}\frac{du}{dx} = x\cdot\frac{1}{\sin x}\cdot\cos x+\log(\sin x)\cdot 1 = x\cot x+\log(\sin x)$$

$$\therefore \quad \frac{du}{dx} = u\left[x\cot x+\log(\sin x)\right]=(\sin x)^x\left[x\cot x+\log(\sin x)\right]$$

और $v = x^{\sin x}$

$$\therefore \quad \log v = \log(x)^{\sin x} = \sin x\log(x)$$

$$\therefore \quad \frac{1}{v}\frac{dv}{dx} = \sin x\frac{d}{dx}(\log x)+\log x\frac{d}{dx}(\sin x)$$

$$\therefore \quad \frac{1}{v}\frac{dv}{dx} = \sin x\cdot\frac{1}{x}+\log x\cdot\cos x=\frac{\sin x}{x}+\cos x\log x$$

$$\therefore \quad \frac{dv}{dx} = v\left[\frac{\sin x}{x}+\cos x\log x\right]=x^{\sin x}\left[\frac{\sin x}{x}+\cos x\log x\right]$$

$$\therefore \quad \frac{dy}{dx} = \frac{du}{dx}+\frac{dv}{dx}=(\sin x)^x\left[x\cot x+\log(\sin x)\right]+x^{\sin x}\left[\frac{\sin x}{x}+\cos x\log x\right]$$

(iii) $y=\log_{\cos x}\sin x$

यहाँ, $y=\log_{\cos x}\sin x \quad \therefore\ y=\dfrac{\log_e \sin x}{\log_e \cos x}$

अब माना की $u=\log_e \sin x$ और $v=\log_e \cos x$

$$\therefore \quad \frac{du}{dx} = \frac{1}{\sin x}\cdot\cos x=\cot x \quad \text{और} \quad \frac{dv}{dx}=\frac{1}{\cos x}\cdot(-\sin x)=-\tan x$$

$$\therefore \quad y = \frac{u}{v} \quad \text{और} \quad \frac{dy}{dx} = \frac{v\frac{du}{dx}-u\frac{dv}{dx}}{v^2}$$

$$\therefore \quad \frac{dy}{dx} = \frac{(\log_e \cos x)(\cot x)-(\log_e \sin x)(-\tan x)}{(\log_e \cos x)^2}$$

$$\therefore \quad \frac{dy}{dx} = \frac{\cot x\log_e \cos x+\tan x\log_e \sin x}{(\log_e \cos x)^2}$$

उदाहरण 22: $\dfrac{dy}{dx}$ ज्ञात कीजिए।

$y=x^{x^x}$

हल: $y=x^{x^x}$

$$\therefore \quad \log y = \log x^{x^x} = x^x\log x$$

अब माना की $u = x^x \quad \therefore \frac{d}{dx}x^x = \frac{du}{dx}$

$$\log u = \log x^x = x\log x$$

$$\therefore \quad \frac{1}{u}\frac{du}{dx} = x\frac{d}{dx}(\log x) + \log x\frac{d}{dx}(x)$$

$$\therefore \quad \frac{1}{u}\frac{du}{dx} = x\cdot\frac{1}{x} + \log x = 1 + \log x$$

$$\therefore \quad \frac{du}{dx} = u(1+\log x) = x^x(1+\log x)$$

$$\therefore \quad \frac{1}{y}\frac{dy}{dx} = x^x\frac{d}{dx}\log x + \log x\frac{d}{dx}x^x$$

$$\therefore \quad \frac{1}{y}\frac{dy}{dx} = x^x\cdot\frac{1}{x} + x^x\log x(1+\log x)$$

$$\therefore \quad \frac{dy}{dx} = yx^x\left[\frac{1}{x} + \log x(1+\log x)\right] = x^{x^x}\cdot x^x\left[\frac{1}{x} + \log x(1+\log x)\right]$$

अनुप्रयोग (वास्तविक जीवन / औद्योगिक)

सिविल इंजीनियरिंग, स्थलाकृति

उदाहरण 1: मान लीजिए $p(x)$ एक सड़क की ऊंचाई है, या एक तलहटी का उन्नयन है, इसके साथ हम एक क्षैतिज दूरी x चलते हैं। दूरी के सापेक्ष अवकलज $p'(x)$ सड़क या तलहटी की प्रवणता है।

न्यूटन की विधि

उदाहरण 2: उन समीकरणों के लिए उपयोगी जिन्हें बीजगणित का उपयोग करके हल नहीं किया जा सकता है।

वक्रीय गति

उदाहरण 3: वक्र में गतिमान पिंड के वेग और त्वरण को ज्ञात करने के लिए उपयोगी है।

अवकलन का उपयोग कर वक्र का रेखाचित्रण करना

उदाहरण 4: चरों के व्यवहार का प्रतिरूपण करने के लिए।

अनुप्रयुक्त अधिकतम और न्यूनतम समस्याएं

उदाहरण 5: अधिकतम (या न्यूनतम) होने की स्थिति का पता लगाना, जब हम लागत में कमी या लाभ बढ़ाने से संबंधित समस्याओं का सामना करते हैं।

यांत्रिकी इंजीनियरिंग

उदाहरण 6: मान लीजिए कि एक इंजन द्वारा उत्पादित ऊर्जा की कुल मात्रा t समय पर $R(t)$ है। समय के सापेक्ष ऊर्जा का अवकलज $R'(t)$ इंजन की शक्ति है।

जीवविज्ञान

उदाहरण 7: एक जीवाणु संस्कृति में विकास की सटीक दर को विनियमित करने के लिए जीवविज्ञानी अवकलन गणित का उपयोग करते हैं।

अर्थशास्त्र

उदाहरण 8: समष्टि अर्थशास्त्र में, किसी अर्थव्यवस्था के सकल घरेलू उत्पाद में समय के सापेक्ष परिवर्तन की दर को आर्थिक विकास दर के रूप में जाना जाता है। इसका उपयोग अर्थशास्त्रियों द्वारा अक्सर विकास के पैमाने के रूप में किया जाता है।

कंप्यूटर बीजगणित प्रणाली

उदाहरण 9: मेपल और मैथेमैटिका, का उपयोग अवकलज की गणना के लिए किया जा सकता है और जीवन विज्ञान के छात्रों के लिए अवकलन की यांत्रिकी में प्रभावी होने हेतु बहुत मददगार है।

घर्षण बलों का निर्धारण

उदाहरण 10: यांत्रिकी इंजीनियर, जब घर्षण बल निर्धारित करने के लिए जटिल वस्तुओं के सतह के क्षेत्रफल की गणना करते हैं तो कलन का उपयोग करते हैं।

खगोल शास्त्र

उदाहरण 11: ग्रहों की गति के नियमों के आधार पर, खगोलविद ग्रहों की विभिन्न गतियों का अध्ययन करने के लिए कलन का उपयोग करते हैं।

तंत्रिका-विज्ञान

उदाहरण 12: न्यूरोलॉजिस्ट, तंत्रिका कोशिका (न्यूरॉन) में समय के साथ वोल्टेज के परिवर्तन की गणना करने के लिए अवकल गणित का उपयोग करते हैं।

महामारी विज्ञान

उदाहरण 13: यह निर्धारित करने के लिए कि कोई बीमारी कितनी दूर और कितनी तेजी से फैल सकती है, महामारीविज्ञानी संक्रामक रोगों के प्रसार का अध्ययन करने के लिए कलन का उपयोग करते है।

अभीष्टीकरण (Optimization) समस्या

उदाहरण 14: अवकलन का उपयोग करके फलनो के स्थिर बिंदुओं की गणना उनके लेखाचित्र खींचकर की जा सकती है। स्थिर बिंदुओं की गणना करने से हमें उन समस्याओं को हल करने में मदद मिलती है जिनके लिए कुछ चर को अधिकतम या न्यूनतम करने की आवश्यकता होती है। इस अवधारणा का उपयोग करके कोई भी, कार की गति का निर्धारण कर सकता है, जो कम से कम ईंधन का उपयोग करती है।

यूनिट सारांश

इस इकाई में पहला खण्ड प्रथम सिद्धांत का उपयोग करके परिभाषा द्वारा अवकलन प्रस्तुत करने, परिवर्तन की औसत दर की अवधारणा, परिवर्तन की तात्कालिक दर पर चर्चा हेतु समर्पित है। दूसरा खण्ड अवकलन के लिए नियमो जैसे रैखिकता नियम, गुणनफल नियम, भागफल नियम से संबंधित है। ये सामान्य नियम अवकलन की समस्याओं को मूल सूत्रों में बदलने में बहुत उपयोगी हैं। किसी फलन के फलन का अवकलन अर्थात श्रृंखला नियम गणित के कई अनुप्रयोगों, कंप्यूटर बीजगणित प्रणाली का उपयोग, अवकलन की गणना में महत्पूर्ण है। तीसरा खण्ड त्रिकोणमितीय और प्रतिलोम त्रिकोणमितीय फलनो के अवकलन से शुरू होता है और आगे लघुगणकीय अवकलन और चर घातांकी फलन से संबंधित है। प्रत्येक खण्ड के बाद संशोधित ब्लूम के वर्गीकरण के अनुसार कठिनाइयों के बढ़ते स्तर के साथ हल किए गए प्रश्न हैं, अभ्यास के लिए प्रश्नावली प्रदान करते समय भी समान पैटर्न अपनाया गया है। अवकलज की मुख्य अवधारणाओं और अनुप्रयोगों को सुदृढ़ करने के लिए नए उदाहरणों का विनिर्माण किया गया है, ताकि छात्र एक विश्लेषणात्मक उपकरण के रूप में अवकलज के साथ कुछ परिचित हो। कुछ खुले प्रश्नों की भी सलाह दी गई है, ये मौखिक प्रश्न प्रमुख पदों और अवधारणाओं की अवधारणात्मक समझ का आकलन करने में मदद करेंगे। दूसरी ओर, बीजगणितीय समस्याएं छात्रों को बीजीय जोड़तोड़ लागू करने में मदद करेंगी, लेखाचित्र के उत्पाद के रूप में अवकलज से संबंधित समस्याएं लेखचित्रीय दृष्टिकोण से अवकलज की व्याख्या करने के लिए छात्रों की क्षमता का आकलन करती हैं। संख्यात्मक समस्याओं के लिए छात्र को गणना या गणना करने की आवश्यकता होती है। वास्तविक दुनिया के अनुप्रयोग यथार्थवादी समस्या का परिदृश्य प्रस्तुत करते हैं।

अभ्यास

बहुविकल्पीय प्रश्न

1. $\frac{d}{dx}\log(\log x) =$

(a) $\frac{x}{\log x}$ (b) $\frac{\log x}{x}$

(c) $(x\log x)^{-1}$ (d) इनमे से कोई नहीं

2. $\frac{d}{dx}\left(\sqrt{x}-\frac{1}{\sqrt{x}}\right)^2 =$

(a) $1-\frac{1}{x^2}$ (b) $1+\frac{1}{x^2}$

(c) $1-\frac{1}{2x}$ (d) इनमे से कोई नहीं

3. यदि $y = x+\frac{1}{x}$ तब

(a) $x^2\frac{dy}{dx}+xy=0$ (b) $x\frac{dy}{dx}+xy+2=0$

(c) $x^2\frac{dy}{dx}-xy+2x^2=0$ (d) इनमे से कोई नहीं

4. $\frac{d}{dx}\left(\frac{1}{x^4 \sec x}\right) =$

(a) $\frac{x\sin x + 4\cos x}{x^5}$ (b) $\frac{-(x\sin x + 4\cos x)}{x^5}$

(c) $\frac{4\cos x - x\sin x}{x^5}$ (d) इनमे से कोई नहीं

5. यदि $y = x\sin x$, तब

(a) $\frac{1}{y}\frac{dy}{dx} = \frac{1}{x} + \cot x$ (b) $\frac{dy}{dx} = \frac{1}{x} + \cot x$

(c) $\frac{1}{y}\frac{dy}{dx} = \frac{1}{x} - \cot x$ (d) इनमे से कोई नहीं

6. $\frac{d}{dx}(x^2 e^x \sin x) =$

(a) $xe^x(2\sin x + x\sin x + x\cos x)$ (b) $xe^x(2\sin x + x\sin x - \cos x)$

(c) $xe^x(2\sin x + x\sin x + \cos x)$ (d) इनमे से कोई नहीं

7. $\frac{d}{dx}\left[\tan^{-1}\left(\frac{\cos x}{1+\sin x}\right)\right] =$

(a) $-\frac{1}{2}$ (b) $\frac{1}{2}$

(c) -1 (d) 1

8. $\frac{d}{dx}[\cos(1-x^2)^2] =$

(a) $-2x(1-x^2)\sin(1-x^2)^2$ (b) $-4x(1-x^2)\sin(1-x^2)^2$

(c) $4x(1-x^2)\sin(1-x^2)^2$ (d) $-2(1-x^2)\sin(1-x^2)^2$

9. $\frac{d}{dx}\left(x^2 \sin\frac{1}{x}\right) =$

(a) $\cos\left(\frac{1}{x}\right) + 2x\sin\left(\frac{1}{x}\right)$ (b) $2x\sin\left(\frac{1}{x}\right) - \cos\left(\frac{1}{x}\right)$

(c) $\cos\left(\frac{1}{x}\right) - 2x\sin\left(\frac{1}{x}\right)$ (d) इनमे से कोई नहीं

10. यदि $y = \cos(\sin x^2)$, तब $x = \sqrt{\frac{\pi}{2}}$ पर $\frac{dy}{dx} =$

(a) -2 (b) 2

(c) $-2\sqrt{\frac{\pi}{2}}$ (d) 0

11. $a^x + \log x.\sin x$ का अवकल गुणांक है:

(a) $a^x \log_e a + \frac{\sin x}{x} + \log x.\cos x$ (b) $a^x + \frac{\sin x}{x} + \cos x.\log x$

(c) $a^x \log a + \frac{\cos x}{x} + \sin x.\log x.$ (d) इनमे से कोई नहीं

12. $\frac{d}{dx}\tan^{-1}\left(\frac{ax-b}{bx+a}\right) =$

(a) $\frac{1}{1+x^2} - \frac{a^2}{a^2+b^2}$ (b) $\frac{-1}{1+x^2} - \frac{a^2}{a^2+b^2}$

(c) $\frac{1}{1+x^2} + \frac{a^2}{a^2+b^2}$ (d) इनमे से कोई नहीं

13. $\frac{d}{dx}\left(\tan^{-1}\sqrt{\frac{1+\cos\frac{x}{2}}{1-\cos\frac{x}{2}}}\right)$ के बराबर है: [MP PET 2004]

(a) $-\frac{1}{4}$ (b) $\frac{1}{2}$

(c) $-\frac{1}{2}$ (d) $\frac{1}{4}$

14. $\frac{d}{dx}\sqrt{\frac{1-\sin 2x}{1+\sin 2x}} =$ [AISSE 1985; DSSE 1986]

(a) $\sec^2 x$ (b) $-\sec^2\left(\frac{\pi}{4}-x\right)$

(c) $\sec^2\left(\frac{\pi}{4}+x\right)$ (d) $\sec^2\left(\frac{\pi}{4}-x\right)$

15. यदि $y = \sqrt{(1-x)(1+x)}$, तब

(a) $(1-x^2)\frac{dy}{dx} - xy = 0$ (b) $(1-x^2)\frac{dy}{dx} + xy = 0$

(c) $(1-x^2)\frac{dy}{dx} - 2xy = 0$ (d) $(1-x^2)\frac{dy}{dx} + 2xy = 0$

16. $\frac{d}{dx}\left(\frac{\cot^2 x - 1}{\cot^2 x + 1}\right) =$

(a) $-\sin 2x$ (b) $2\sin 2x$

(c) $2\cos 2x$ (d) $-2\sin 2x$

17. $\frac{d}{dx}[\sin^n x \cos nx] =$

(a) $n\sin^{n-1} x\cos(n+1)x$ (b) $n\sin^{n-1} x\cos nx$

(c) $n\sin^{n-1} x\cos(n-1)x$ (d) $n\sin^{n-1} x\sin(n+1)x$

18. यदि $f(x) = \log_x(\log x)$, तब $f(x)$, $x = e$ पर है:

(a) e (b) $\frac{1}{e}$

(c) 1 (d) इनमे से कोई नहीं

19. यदि $y = \log\left(\frac{1+x}{1-x}\right)^{1/4} - \frac{1}{2}\tan^{-1} x$, तब $\frac{dy}{dx} =$

(a) $\frac{x^2}{1-x^4}$ (b) $\frac{2x^2}{1-x^4}$

(c) $\frac{x^2}{2(1-x^4)}$ (d) इनमे से कोई नहीं

20. यदि $y = \log\frac{1+\sqrt{x}}{1-\sqrt{x}}$, तब $\frac{dy}{dx} =$

(a) $\frac{\sqrt{x}}{1-x}$ (b) $\frac{1}{\sqrt{x}(1-x)}$

(c) $\frac{\sqrt{x}}{1+x}$ (d) $\frac{1}{\sqrt{x}(1+x)}$

21. $\frac{d}{dx}e^{x+3\log x} =$

(a) $e^x.x^2(x+3)$ (b) $e^x.x(x+3)$

(c) $e^x + \frac{3}{x}$ (d) इनमे से कोई नहीं

22. $\frac{d}{dx}\sqrt{\frac{1+\cos 2x}{1-\cos 2x}} =$

(a) $\sec^2 x$ (b) $-\text{cosec}^2 x$

(c) $2\sec^2\frac{x}{2}$ (d) $-2\text{cosec}^2\frac{x}{2}$

23. $\frac{d}{dx}\log\tan\left(\frac{\pi}{4}+\frac{x}{2}\right) =$

(a) $\text{cosec}\, x$ (b) $-\text{cosec}\, x$

(c) $\sec x$ (d) $-\sec x$

24. $\frac{d}{dx}\log(\sqrt{x-a}+\sqrt{x-b})=$

(a) $\frac{1}{2[\sqrt{(x-a)}+\sqrt{(x-b)}]}$ (b) $\frac{1}{2\sqrt{(x-a)(x-b)}}$

(c) $\frac{1}{\sqrt{(x-a)(x-b)}}$ (d) इनमे से कोई नहीं

25. यदि $y=\sin[\cos(\sin x)]$, तब $\frac{dy}{dx}=$

(a) $-\cos[\cos(\sin x)]\sin(\cos x).\cos x$ (b) $-\cos[\cos(\sin x)]\sin(\sin x).\cos x$

(c) $\cos[\cos(\sin x)]\sin(\cos x).\cos x$ (d) $\cos[\cos(\sin x)]\sin(\sin x).\cos x$

26. यदि $y=\sin^{-1}\sqrt{\sin x}$, तब $\frac{dy}{dx}$ बराबर होता है:

(a) $\frac{2\sqrt{\sin x}}{\sqrt{1+\sin x}}$ (b) $\frac{\sqrt{\sin x}}{\sqrt{1-\sin x}}$

(c) $\frac{1}{2}\sqrt{1+\operatorname{cosec} x}$ (d) $\frac{1}{2}\sqrt{1-\operatorname{cosec} x}$

27. यदि $y = \log(\operatorname{cosec} x - \cot x)$, तब $\frac{dy}{dx}$ बराबर होता है:

(a) $\operatorname{cosec} x + \cot x$ (b) $\cot x$

(c) $\sec x + \tan x$ (d) $\operatorname{cosec} x$

28. यदि $y = \log(\sin x)$, तब $\frac{dy}{dx}$ बराबर होता है:

(a) $\cot x$ (b) $\tan x$

(c) $\sec x$ (d) $\operatorname{cosec} x$

29. यदि $y = \sin(\log x)$, तब $\frac{dy}{dx}$ बराबर होता है:

(a) $\cos(\log x)$ (b) $\frac{1}{\sin x}$

(c) $\frac{\cos(\log x)}{x}$ (d) $\operatorname{cosec}(\log x)$

30. यदि $y=3\sqrt[3]{\cos x}$ तब $\frac{dy}{dx}$ बराबर होता है:

(a) $3\sqrt[3]{\sin x}$ (b) $\frac{1}{2\sqrt[3]{\cos x}}$

(c) $-3\sqrt[3]{\sin x}$ (d) $\frac{-\sin x}{\sqrt[3]{\cos^2 x}}$

बहुविकल्पीय प्रश्नों के उत्तर

1(c), 2(a), 3(c), 4(b), 5(a), 6(a), 7(a), 8(c), 9(b), 10(d), 11(a), 12(d), 13(a), 14(b), 15(b), 16(d), 17(a), 18(b), 19(a), 20(b), 21(a), 22(b), 23(c), 24(b), 25(b), 26(c), 27(d), 28(a), 29(c), 30(d)

लघु और दीर्घ उत्तरीय प्रश्न

प्र.1. परिभाषा का उपयोग करके निम्नलिखित फलनो के अवकलज ज्ञात कीजिए।

(i) $y = x^2 + 2x - 3$ (ii) $y = \cos 2x$ (iii) $y = \log(x+1)$

(iv) $y = \dfrac{1}{2x+3}$ (v) $y = e^{3x+2}$ (vi) $y = \tan x$

प्र.2. निम्नलिखित फलनो के अवकलज ज्ञात कीजिए।

(i) $y = \sqrt{x} - \dfrac{1}{\sqrt{x}}$ (ii) $y = \dfrac{4x^3 - 3x + 7}{x}$ (iii) $y = \dfrac{(x^2+1)(x-1)}{x\sqrt{x}}$

(iv) $y = 2x^3 - \dfrac{1}{\sqrt{x}} + 2^x$ (v) $y = (3x^2 - 2x + 5)^2$ (vi) $y = \log_e x^3 + 3e^x - 12$

प्र.3. निम्नलिखित फलनो के अवकलज ज्ञात कीजिए।

(i) $y = (2 + 3\sin x)(3 + 2\cos x)$ (ii) $y = x\tan x(x^2+1)$

(iii) $y = \operatorname{cosec} x \cot x$ (iv) $y = x\sin^{-1} x$

(v) $y = e^x \tan^{-1} x$ (vi) $y = e^x x^2 2^x$

प्र.4. निम्नलिखित फलनो के अवकलज ज्ञात कीजिए।

(i) $y = \dfrac{px^2 + qx + r}{ax^2 + bx + c}$ (ii) $y = \dfrac{\sin x}{1 + \cos x}$ (iii) $y = \dfrac{\tan x}{\sec x + \tan x}$

(iv) $y = \dfrac{x^2 - a^2}{x^2 + a^2}$ (v) $y = \dfrac{\sin x}{x}$ (vi) $y = \dfrac{e^x \tan x}{x}$

प्र.5. $y = \dfrac{x^2 - 3x + 7}{x^2 - 5}$ को x के सापेक्ष अवकलित कीजिए और $\left(\dfrac{dy}{dx}\right)_{x=1}$ ज्ञात कीजिए।

प्र.6. यदि $y = \dfrac{x}{1+x}, x \neq -1$, तब सिद्ध कीजिए। $x^2 \dfrac{dy}{dx} = y^2$.

प्र.7. x के सापेक्ष निम्नलिखित फलनो के अवकलज ज्ञात कीजिए।

(i) $y = \tan^3 x + \tan x^3$ (ii) $y = \sqrt{\dfrac{1-x}{1+x}}$ (iii) $y = \log\left(x + \sqrt{x^2 + a^2}\right)$

प्र.8. x के सापेक्ष निम्नलिखित फलनो के अवकलज ज्ञात कीजिए।

(i) $y = e^{2x} \sin 3x$ (ii) $y = 2^x \log\cos x$ (iii) $y = \log[\log(\sin 2x)]$

(iv) $y = e^{m\tan^{-1} x}$ (v) $y = (3x^3 + 2x^2 - x - 11)^5$ (vi) $y = \sin[\log(\cos 2x)]$

प्र.9. निम्नलिखित फलनो के अवकलज ज्ञात कीजिए।

(i) $y = (\sin x)^{\tan x}$ (ii) $(\cos x)^y = (\sin y)^x$ (iii) $y = \dfrac{x+1}{(x-3)(x+2)}$

(iv) $y = (x)^{\sqrt{x}} + (\sqrt{x})^x$ (v) $y = x^{x^{\sqrt{x}}}$ (vi) $x^y = e^{x+y}$

प्र.10. x के सापेक्ष निम्नलिखित फलनो के अवकलज ज्ञात कीजिए।

(i) $y=\cos^{-1}\left(\frac{x}{x+1}\right)$ (ii) $y=\tan^{-1}\left(\frac{\sin 3\theta-\sin\theta}{\cos 3\theta+\cos\theta}\right)$

(iii) $y=\tan^{-1}\left(\frac{3x-x^3}{1-3x^2}\right)$ (iv) $y=\tan^{-1}\left[\sqrt{\frac{1-\cos x}{1+\cos x}}\right]$

(v) $y=\cos^{-1}\left[\sin\left(\frac{5\pi}{2}+\frac{x^2+1}{x^2-1}\right)\right]$ (vi) $y=\cos^{-1}\left(2x^2-1\right)$

प्र.11. x के सापेक्ष निम्नलिखित फलनो के अवकलज ज्ञात कीजिए।

(i) $x=at^2, y=2at \quad t\in R$

(ii) $x=a\sec\theta, y=b\tan\theta$ where $\theta\neq(2k+1)\frac{\pi}{2}, k\in Z$

(iii) $x=2\cos t-\cos 2t,\ v=2\sin t-\sin 2t,\ t\in R$

प्र.12. x के सापेक्ष निम्नलिखित फलनो के अवकलज ज्ञात कीजिए।

(i) $x^3+y^3=3xy$ (ii) $y=\sin(x+y)$ (iii) $x\sin y+y\sin x=11$

लघु और दीर्घ उत्तरीय प्रश्नों के उत्तर

1. (i) $2x+2$ (ii) $-2\sin 2x$ (iii) $\frac{1}{x+1}$

(iv) $\frac{-2}{(2x+3)^2}$ (v) $3e^{3x+2}$ (vi) $\sec^2 x$

2. (i) $\frac{1}{2}\left(x^{\frac{-1}{2}}+x^{\frac{-3}{2}}\right)$ (ii) $8x-\frac{7}{x^2}$

(iii) $\frac{1}{2}\left(3x^{\frac{1}{2}}-x^{\frac{-1}{2}}-x^{\frac{-3}{2}}+3x^{\frac{-5}{2}}\right)$ (iv) $6x^2+\frac{1}{2}x^{\frac{-3}{2}}+2^x\log 2$

(v) $2\left(18x^3-18x^2+34x-10\right)$ (vi) $3\left(\frac{1}{x}+e^x\right)$

3. (i) $9\cos x-4\sin x+6\cos 2x$ (ii) $(x^3+x)\sec^2 x+(3x^2+1)\tan x$

(iii) $\frac{-(1+\cos^2 x)}{\sin^3 x}$ (iv) $\frac{x}{\sqrt{1-x^2}}+\sin^{-1}x$

(v) $e^x\left(\frac{1}{1+x^2}+\tan^{-1}x\right)$ (vi) $xe^x 2^x\left(x\log 2+x+2\right)$

4. (i) $\dfrac{(pb-qa)x^2+2(pc-ra)x+(qc-rb)}{\left(ax^2+bx+c\right)^2}$ (ii) $\dfrac{1}{1+\cos x}$

(iii) $\dfrac{\sec x}{(\sec x+\tan x)^2}$ (iv) $\dfrac{4xa^2}{\left(x^2+a^2\right)^2}$

(v) $\dfrac{x\cos x-\sin x}{x^2}$ (vi) $\dfrac{e^x}{x^2}\left[x\sec^2 x+(x-1)\tan x\right]$

5. $\dfrac{3x^2-24x+15}{\left(x^2-5\right)^2}, -\dfrac{3}{8}$

7. (i) $3\left[\tan^2 x\sec^2 x+x^2\sec^2\left(x^3\right)\right]$ (ii) $\dfrac{-1}{\left(\sqrt{1-x^2}\right)(1+x)}$

(iii) $\dfrac{1}{\sqrt{x^2+a^2}}$

8. (i) $e^{2x}(3\cos 3x+2\sin 3x)$ (ii) $2^x(\log 2\cdot\log\cos x-\tan x)$

(iii) $\dfrac{2\cot 2x}{\log(\sin 2x)}$ (iv) $\dfrac{m}{1+x^2}e^{m\tan^{-1}x}$

(v) $5(9x^2+4x-1)(3x^3+2x^2-x-11)^4$ (vi) $-2\tan 2x\cdot\cos\left[\log\left(\cos 2x\right)\right]$

9. (i) $(\sin x)^{\tan x}\left[1+\sec^2 x\log\sin x\right]$ (ii) $\dfrac{\log(\sin y)+y\tan x}{\log(\cos x)-x\cot y}$

(iii) $\dfrac{-\left(x^2+2x+5\right)}{(x-3)^2(x+2)^2}$ (iv) $\dfrac{x^{\sqrt{x}}}{2\sqrt{x}}(2+\log x)+\dfrac{\left(\sqrt{x}\right)^x}{2}\left(1+2\log\sqrt{x}\right)$

(v) $x^{x^{\sqrt{x}}}x^{\sqrt{x}}\left(\dfrac{1}{x}+\dfrac{\log x(2+\log x)}{2\sqrt{x}}\right)$ (vi) $\dfrac{x-y}{x(\log x-1)}$

10. (i) $\dfrac{1}{(x+1)\sqrt{2x+1}}$ (ii) 0 (iii) $\dfrac{3}{1+x^2}$

(iv) $\dfrac{1}{2}$ (v) $\dfrac{-4x}{\left(x^2-1\right)^2}$ (vi) $\dfrac{2}{\sqrt{1-x^2}}$

11. (i) $\dfrac{1}{t}$ (ii) $\dfrac{b}{a}\operatorname{cosec}\theta$ (iii) $\tan\left(\dfrac{3t}{2}\right)$

12. (i) $\dfrac{y-x^2}{y^2-x}$ (ii) $\dfrac{\cos(x+y)}{1-\cos(x+y)}$ (iii) $-\dfrac{\sin y+y\cos x}{\sin x+x\cos y}$

अधिक जानिए

- अवकल गणित का विकास।
- अवकलन का अध्ययन क्यों?
- कलन हमारे दैनिक जीवन में कैसे उपयोगी है?
- सीमाएँ और अवकलन
- वक्र की स्पर्श रेखा का ढाल
- परिवर्तन की तात्कालिक दर के रूप में अवकलज
- बहुपदों के अवकलज
- उच्च कोटि के अवकलज
- आंशिक अवकलज
- दैनिक जीवन में गणितीय सोच क्यों मूल्यवान है
- ऑनलाइन शिक्षण में शिफ्ट
- अवकलन सीखने का सबसे आसान तरीका
- अवकल गणित का विकास क्यों हुआ?
- अवकल गणित को सहज रूप से सीखना
- अवकलन को कम जटिल बनाना
- शिक्षकों के लिए ऑनलाइन शिक्षा उपकरण
- आलोचनात्मक सोच सिखाना
- STEM शिक्षा
- https://nptel.ac.in/courses/111/105/111105121/

लघु परियोजना

(i) इंजीनियरिंग अनुप्रयोगों में दिखने वाले फलनो और इनके अवकलनो के लेखाचित्र बनाने के लिए जियो जेब्रा का उपयोग करना।

(ii) वास्तविक दुनिया की समस्याओं के लिए अवकलज के अनुप्रयोगों पर आधारित समस्याओं का समूह एकत्र करना।

जिज्ञासा और उत्सुकता विषयक

(i) एक कंपनी में, लाभ को अधिकतम कैसे किया जा सकता है या हम लागत को कैसे कम कर सकते हैं?

(ii) हम किसी विशेष वस्तु को बनाने के लिए सामग्री की न्यूनतम मात्रा की गणना कैसे करते हैं?

(iii) एक कार घुमावदार मोड़ के दौरान क्यों फिसलती है?

(iv) एकाधिक मूलो वाले गैर-बहुपद फलन के साथ क्या होता है?

(v) सर्वश्रेष्ठ स्टॉक कैसे चुनें?

(vi) हम यह कैसे निर्धारित करते हैं कि दिया गया समीकरण एक रैखिक फलन है या एक अरैखिक फलन?

(vii) क्या कोई फलन जो किसी बिंदु पर परिभाषित नहीं है, उस बिंदु पर अवकलनीय हो सकता है?

(viii) दो धनात्मक संख्याओं का योग 40 है। एक संख्या को दूसरे के वर्ग से गुणा किया जाता है। गुणनफल को अधिकतम करने के लिए, संगत संख्या क्या है?

(ix) आप हर पल अपनी स्थिति को सटीक रूप से कैसे मापते हैं?

(x) क्या एक लेखाचित्र की स्पर्शरेखा के बारे में किसी भी कथन को अवकलज के बारे में कथन के रूप में पढ़ा जा सकता है?

उपरोक्त प्रश्नों के अलावा, कलन का उपयोग जटिल और अनियमित आकृतियों का क्षेत्रफल ज्ञात करने, सर्वेक्षण तथ्य का अनुमान लगाने, वाहनों की सुरक्षा, व्यावसायिक पूर्वानुमान, क्रेडिट कार्ड, भुगतान अभिलेख आदि के लिए किया जाता है।

संदर्भ एवं अध्ययन हेतु सुझाव

1. E. Krezig, *Advanced Engineering Mathematics*, 10th Edition, Wiley, 2015.
2. H. K. Das, *Advanced Engineering Mathematics*, S. Chand & Co, New Delhi, 2007.
3. B. S. Grewal, *Higher Engineering Mathematics*, Khanna Publication, New Delhi ,2015.
4. S. S. Sastry, *Engineering Mathematics*, Volume 1, PHI Learning, New Delhi, 2009.
5. Alan Jeffrey, *Advanced Engineering Mathematics*, Harcourt/Academic Press, 2002, USA.
6. M.P. Trivedi and P.Y. Trivedi, *Consider Dimension and Replace Pi*, Notion Press, 2018.
7. www.scilab.org/ -SCI Lab
8. https://grafeq.en.downloadastro.com/- Graph Eq^n 2.13
9. https://www.geogebra.org- Geo Gebra
10. Thomas Jr, George B., Weir, Maurice D. and Hass, Joel R., Thomas' Calculus, 12th edition. Pearson 2014.
11. Thomas, G.B. and Finney, R.L., Calculus and Analytic Geometry, 9th Edition, Pearson, Reprint, 2002.
12. https://www.desmos.com/ Desmos
13. https://math.microsoft.com
14. https://nptel.ac.in/courses/111/105/111105121/

4 सम्मिश्र संख्याएँ और आंशिक भिन्न

यूनिट विशिष्ट

इस इकाई में निम्नलिखित विषयों पर विस्तार से चर्चा की गई है:

- एक सम्मिश्र संख्या के वास्तविक और काल्पनिक भागों की परिभाषा
- ध्रुवीय और कार्तीय रूप
- एक सम्मिश्र संख्या का निरूपण और एक रूप से दूसरे रूप में उसका रूपांतरण
- एक सम्मिश्र संख्या का संयुग्म, एक सम्मिश्र संख्या का मापांक और आयाम
- एक सम्मिश्र संख्या का जोड़, घटाव, गुणा और भाग
- डी-मॉयवर का प्रमेय, इसके अनुप्रयोग
- बहुपद भिन्न, उचित और विषम भिन्न की परिभाषा
- आंशिक भिन्नों की परिभाषा
- विभिन्न स्थितियों में उचित भिन्न को आंशिक भिन्न में बदलकर हल करना
- विषम भिन्न को आंशिक भिन्न में बदलकर हल करना।

आगे जिज्ञासा और रचनात्मकता पैदा करने के साथ-साथ समस्या समाधान क्षमता में सुधार के लिए अनुप्रयोग-आधारित समस्याओं पर चर्चा की गई है।

बड़ी संख्या में बहुविकल्पीय प्रश्नों के साथ-साथ ब्लूम के वर्गीकरण के निम्न और उच्च क्रम के अनुसार दो श्रेणियों में चिह्नित लघु और दीर्घ उत्तरीय प्रश्न, कई संख्यात्मक समस्याओं के माध्यम से अभ्यास सामग्री, संदर्भों की एक सूची और अध्ययन सामग्री इकाई में सुझाई गई हैं, जिससे उनके माध्यम से अभ्यास किया जा सके।

सामग्री के आधार पर, 'अधिक जानिए' खंड जोड़ा गया है। इस खंड को सोच समझकर बनाया गया है ताकि इस भाग में दी गई पूरक जानकारी पुस्तक के उपयोगकर्ताओं के लिए फायदेमंद हो। यह खंड मुख्य रूप से कुछ दिलचस्प तथ्यों से संबंधित शिक्षण और सीखने, सम्मिश्र संख्याओं का अध्ययन क्यों किया जाता है, हमारे दैनिक जीवन में सम्मिश्र संख्याओं और आंशिक भिन्नों का उपयोग किस प्रकार किया जाता है, वास्तविक संख्याओं के समुच्चय का विस्तार करने की आवश्यकता क्यों महसूस हुई, दैनिक जीवन में गणितीय सोच क्यों मूल्यवान है, ऑनलाइन शिक्षण के रूप में बदलाव, सम्मिश्र संख्याओं और उसके बीजगणित को सीखने का सबसे सरल तरीका, आंशिक भिन्न और उनके महत्व को सहजता से सीखना, शिक्षकों के लिए ऑनलाइन शिक्षा उपकरण आदि पर प्रकाश डालता है।

दूसरी ओर, सुझाई गई सूक्ष्म परियोजनाएँ और बुद्धिशीलता के लिए प्रश्न, इकाई में शामिल विषयों के लिए जिज्ञासा और उत्सुकता पैदा करते हैं।

भूमिका

सम्मिश्र संख्याएँ, गणित में सबसे रौचक और दिलचस्प विषयों में से एक है। सम्मिश्र संख्याएँ, उनके गुणधर्म और ज्यामिति हमेशा सैद्धांतिक और अनुप्रयुक्त गणित पर आधारित हजारों समस्याओं को हल करने का एक महत्वपूर्ण उपकरण रहा है। वास्तव में, कुछ गुणधर्म वास्तविक चरों की तुलना में सम्मिश्र में आसान होते हैं। इसमें बहुपद समीकरणों को हल करने में उनके महत्व पर एक दृष्टिकोण शामिल है। सम्मिश्र संख्याओं का जोड़ और गुणा, उनका निरूपण हमें उन परिपथों के व्यवहार को समझने में मदद करता है, जिनमें एसी सिग्नल लागू करने पर प्रतिक्रिया होती है। विद्युत इंजीनियर विद्युत प्रवाह को मापने के लिए और विद्युत परिपथ कैसे काम करते हैं, यह स्पष्ट करने के लिए सम्मिश्र संख्याओं का उपयोग करते हैं। मैकेनिकल इंजीनियर इमारतों और पूलों में बीम के तनाव का विश्लेषण करने के लिए सम्मिश्र संख्याओं को उपयोग में लाते हैं। आव्यूह के अभिलाक्षणिक मानों और अभिलाक्षणिक सदिशों की मदद से इंजीनियर बीम के तनावों को संख्यात्मक रूप से समझाने के लिए विभिन्न भागों का विशिष्ट रीति से संयोजन करते हैं। यह हमें दोलनों के बारे में सोचने का एक नया तरीका देता है। सम्मिश्र संख्याओं के महत्व की समझ और यूक्लिड की समतल ज्यामिति में उसके अनुप्रयोग भविष्य के शिक्षकों को एक मजबूत विश्लेषणात्मक सामग्री प्रदान करते है, जिसका उपयोग छात्रों के साथ काम करते समय किया जा सकता है। दूसरी ओर, आंशिक भिन्न का विखंडन एक ऐसा प्रक्रम है, जिसमे परिमेय बीजीय भिन्न को सरल बीजीय भिन्न में विभक्त किया जाता है, जिनके जोड़ या घटाव से मूल बीजीय भिन्न प्राप्त होती है। परिमेय व्यंजकों वाले अनेक समाकलनो का हल समाकल्य पर आंशिक भिन्नों का प्रयोग करके किया जा सकता है।

पूर्व अपेक्षित ज्ञान

- फलन और उनके लेखाचित्र
- त्रिकोणमितीय फलन
- त्रिकोणमितीय सर्वसामिकाएँ
- निर्देशांक ज्यामिति
- बीजगणितीय तकनीकों से परिचय
- उचित भिन्न
- विषम भिन्न
- प्रतिस्थापन

यूनिट आउटकम्स (UOs)

इस इकाई के परिणामों (यूनिट आउटकम्स) की सूची इस प्रकार है:

U4-O1 : सम्मिश्र संख्याओं पर बीजगणितीय संक्रियाओ का प्रयोग और ऑर्गंड आरेख पर सम्मिश्र संख्याओं को आलेखित करना।

U4-O2 : दी गई समस्याओं को हल करने के लिए सम्मिश्र संख्याओं के ध्रुवीय रूप $[r, \theta]$ और उनके गुणधर्मो का उपयोग करना।

U4-O3 : सम्मिश्र तल में सम्मिश्र संख्याओं के संबंधो की व्याख्या करना।

U4-O4 : अनुप्रयोग-आधारित समस्याओं के लिए डी-मॉयवर के प्रमेय का उपयोग करना।

U4-O5 : एक बीजीय भिन्न को उसके आंशिक भिन्नों के योग के रूप में व्यक्त करना।

कोर्स आउटकम्स (COs) के साथ यूनिट आउटकम्स (UOs) का परस्पर संबंध:

यूनिट आउटकम्स	कोर्स आउटकम्स (COs) के साथ अपेक्षित संबंध (*1. कमजोर सहसंबंध; 2. मध्यम सहसंबंध; 3. मजबूत सहसंबंध*)						
	CO-1	CO-2	CO-3	CO-4	CO-5	CO-6	CO-7
U4-O1	-	-	-	1	1	1	3
U4-O2	-	1	-	1	2	1	3
U4-O3	-	1	-	3	1	1	2
U4-O4	-	1	-	2	1	1	3
U4-O5	-	-	-	2	2	1	-

4.1 सम्मिश्र संख्या की परिभाषा और बीजगणित

4.1.1 सम्मिश्र संख्या की मूल अवधारणा

परिभाषा: $x+iy$ के रूप की एक संख्या, जहाँ $x, y \in \mathrm{R}$ और $i=\sqrt{-1}$, को सम्मिश्र संख्या कहा जाता है और 'i' को आयोटा कहा जाता है। एक सम्मिश्र संख्या को आमतौर पर z से और सम्मिश्र संख्या के समुच्चय को C द्वारा निरूपित किया जाता है।

अर्थात $\mathrm{C} = \{x+iy \ : x, y \in \mathrm{R}, i=\sqrt{-1}\}$

उदाहरण के लिए, $5+3i, -1+i, 0+4i, 4+0i$ आदि सम्मिश्र संख्याएँ हैं।

(i) यूलर पहले गणितज्ञ थे जिन्होंने -1 के वर्गमूल के लिए प्रतीक i (आयोटा) को उसके गुण $i^2=-1$ के साथ परिभाषित किया, उन्होंने इस प्रतीक को काल्पनिक इकाई भी कहा।

(ii) किसी भी धनात्मक वास्तविक संख्या a के लिए, $\sqrt{-a}=\sqrt{-1\times a}=\sqrt{-1}\sqrt{a}=i\sqrt{a}$

(iii) गुणधर्म $\sqrt{a}\sqrt{b}=\sqrt{ab}$ केवल तभी मान्य है जब a और b में से कम से कम एक ऋणेत्तर हो। यदि a और b दोनों ऋणात्मक हैं, तो $\sqrt{a}\sqrt{b}=\sqrt{|a|.|b|}$

उदाहरण 1: $\sqrt{-2}\sqrt{-3}=$

(a) $\sqrt{6}$ (b) $-\sqrt{6}$

(c) $i\sqrt{6}$ (d) इनमें से कोई नहीं

हल:(b) $\sqrt{-2}\sqrt{-3}=i\sqrt{2}\,i\sqrt{3}=i^2\sqrt{6}=-\sqrt{6}$

(2) i (आयोटा) की पूर्णांकिय घात:

चूँकि $i=\sqrt{-1}$ अत: $i^2=-1, i^3=-i$ और $i^4=1$ होता है। तब $i^n (n>4)$ का मान ज्ञात कीजिए। प्रथमत: n को 4 द्वारा विभाजित कीजिए। माना q भागफल है और r शेषफल है।

अर्थात $n=4q+r$ जहां $0\le r\le 3$

$i^n=i^{4q+r}=(i^4)^q.(i)^r=(1)^q.(i)^r=i^r$

व्यापक रूप से, हमें निम्नलिखित परिणाम प्राप्त होते हैं, $i^{4n}=1, i^{4n+1}=i, i^{4n+2}=-1$, जहां n कोई पूर्णांक है।

उदाहरण 2: मान ज्ञात कीजिए $\frac{i^{592}+i^{590}+i^{588}+i^{586}+i^{584}}{i^{582}+i^{580}+i^{578}+i^{576}+i^{574}}-1=$

(a) −1 (b) −2 (c) −3 (d) −4

हल: (b) $\frac{i^{584}(i^8+i^6+i^4+i^2+1)}{i^{574}(i^8+i^6+i^4+i^2+1)}-1=\frac{i^{584}}{i^{574}}-1=i^{10}-1=-1-1=-2$

4.1.2 सम्मिश्र संख्या के वास्तविक और काल्पनिक भाग

यदि x और y दो वास्तविक संख्याएँ हैं, तो $z = x + iy$ रूप की कोई संख्या सम्मिश्र संख्या कहलाती है । यहाँ 'x' को z के वास्तविक भाग तथा 'y' को z के काल्पनिक भाग के रूप में जाना जाता है। z के वास्तविक भाग को $\text{Re}(z)$ से तथा काल्पनिक भाग को $\text{Im}(z)$ द्वारा निरूपित किया जाता है।

यदि $z = 3 - 4i$, तब $\text{Re}(z) = 3$ और $\text{Im}(z) = -4$.

एक सम्मिश्र संख्या z विशुद्ध रूप से वास्तविक है यदि इसका काल्पनिक भाग शून्य है अर्थात, $\text{Im}(z) = 0$ और विशुद्ध रूप से काल्पनिक यदि इसका वास्तविक भाग शून्य है अर्थात $\text{Re}(z) = 0$ है।

उदाहरण 3: $\text{Re}(2i - 3)$ है:

(a) −2 (b) 2 (c) −3 (d) 3

हल: (a) $\text{Re}(2i - 3) = \text{Re}(-3 + 2i) = -3$.

4.1.3 सम्मिश्र संख्याओं पर बीजगणितीय संक्रियाएँ

माना कि $z_1 = a+ib$ और $z_2 = c+id$ दो सम्मिश्र संख्याएँ है।

जोड़ $(z_1 + z_2)$: $(a+ib)+(c+id)=(a+c)+i(b+d)$

घटाव $(z_1 - z_2)$: $(a+ib)-(c+id)=(a-c)+i(b-d)$

गुणा $(z_1 . z_2)$: $(a+ib)(c+id)=(ac-bd)+i(ad+bc)$

भाग (z_1 / z_2) : $\frac{a+ib}{c+id}$ (जहाँ c और d में से कम से कम एक शून्येत्तर है)

$$\frac{a+ib}{c+id}=\frac{(a+ib)}{(c+id)}.\frac{(c-id)}{(c-id)} \quad \text{(परिमेयकरण)}$$

$$\frac{a+ib}{c+id}=\frac{(ac+bd)}{c^2+d^2}+\frac{i(bc-ad)}{c^2+d^2}.$$

4.1.4 सम्मिश्र संख्याओं पर बीजीय संक्रियाओं के गुण

मान लीजिए z_1, z_2 और z_3 कोई तीन सम्मिश्र संख्याएँ हैं, तो उनकी बीजगणितीय संक्रियाएँ निम्नलिखित गुणों को संतुष्ट करती हैं:

(i) सम्मिश्र संख्याओं का योग क्रमविनिमेय और साहचर्य गुणों को संतुष्ट करता है

अर्थात, $z_1+z_2=z_2+z_1$ और $(z_1+z_2)+z_3=z_1+(z_2+z_3)$.

(ii) सम्मिश्र संख्याओं का गुणन क्रमविनिमेय और साहचर्य गुणों को संतुष्ट करता है।
अर्थात, $z_1z_2 = z_2z_1$ और $(z_1z_2)z_3 = z_1(z_2z_3)$.

(iii) सम्मिश्र संख्याओं का गुणन, योग पर वितरणात्मक होता है
अर्थात, $z_1(z_2+z_3) = z_1z_2 + z_1z_3$ और $(z_2+z_3)z_1 = z_2z_1 + z_3z_1$.

उदाहरण 4: संकेतित संक्रियाएँ करें और उत्तर को $x + iy$ के रूप में लिखें, जहाँ $x, y \in \mathrm{R}$.

(i) $(3-2i)+i(5+2i)$ (ii) $\left(\sqrt{2}-i\right)-(2+4i)+i\left(2+\sqrt{2}i\right)$ (iii) $(3-2i)(i+4)$

(iv) $(2-i)(2+i)(1+i)$ (v) $\dfrac{5-2i}{2+3i}$ (vi) $\dfrac{(2+i)(i-3)}{4\quad 3}$

(vii) $i^{12}+(3-2i)^2$ (viii) $\left(\sqrt{5}-7i\right)\left(\sqrt{5}+7i\right)^2$ (ix) $\dfrac{\left(\sqrt{2}-i\sqrt{3}\right)+\left(\sqrt{2}+i\sqrt{3}\right)}{1+i}$

हल: (i) माना कि $z = (3-2i)+i(5+2i)$

$\therefore$ $z = (3-2i)+\left(5i+2i^2\right) = 3-2i+5i-2 = 1+3i$

(ii) माना कि $z = \left(\sqrt{2}-i\right)-(2+4i)+i\left(2+\sqrt{2}i\right)$

$\therefore$ $z = \left(\sqrt{2}-i\right)-(2+4i)+i\left(2+\sqrt{2}i\right) = \left(\sqrt{2}-i\right)-(2+4i)+\left(2i+\left(\sqrt{2}\right)i^2\right)$

$= \left(\sqrt{2}-i\right)-(2+4i)+\left(2i-\sqrt{2}\right) = \left(\sqrt{2}-2-\sqrt{2}\right)+(-1-4+2)i = -2-3i$

(iii) माना कि $z = (3-2i)(i+4)$

$\therefore$ $z = (3-2i)(i+4) = 3i+12-2i^2-8i = 14-5i$

(iv) माना कि $z = (2-i)(2+i)(1+i)$

$\therefore$ $z = (2-i)(2+i)(1+i) = \left((2)^2-(i)^2\right)(1+i)$

$= (4+1)(1+i) = 5(1+i) = 5+5i$

(v) माना कि $z = \dfrac{5-2i}{2+3i}$

$\therefore$ $z = \dfrac{5-2i}{2+3i} = \dfrac{5-2i}{2+3i}\times\dfrac{2-3i}{2-3i} = \dfrac{10-15i-4i+6i^2}{(2)^2+(3)^2} = \dfrac{4-19i}{13} = \dfrac{4}{13}-\dfrac{19}{13}i$

(vi) माना कि $z = \dfrac{(2+i)(i-3)}{4i+3}$

$\therefore$ $z = \dfrac{(2+i)(i-3)}{4i+3} = \dfrac{2i-6+i^2-3i}{3+4i} = \dfrac{-7-i}{3+4i} = \dfrac{-7-i}{3+4i}\times\dfrac{3-4i}{3-4i}$

$= \dfrac{-21+28i-3i+4i^2}{(3)^2+(4)^2} = \dfrac{-25+25i}{25} = -1+i$

(vii) माना कि $z = i^{12} + (3-2i)^2$

$\therefore$ $z = 1 + 9 - 12i - 4 = 6 - 12i$

(viii) माना कि $z = \left(\sqrt{5}-7i\right)\left(\sqrt{5}+7i\right)^2$

$$\therefore \quad z = \left[\left(\sqrt{5}\right)^2 + (7)^2\right]\left(\sqrt{5}+7i\right) = 54\left(\sqrt{5}+7i\right) = 54\sqrt{5}+378i$$

(ix) माना कि $z = \dfrac{\left(\sqrt{2}-i\sqrt{3}\right)+\left(\sqrt{2}+i\sqrt{3}\right)}{1+i}$

$$\therefore \quad z = \frac{\left(\sqrt{2}-i\sqrt{3}\right)+\left(\sqrt{2}+i\sqrt{3}\right)}{1+i} = \frac{2\sqrt{2}}{1+i}$$

$$= \frac{2\sqrt{2}}{1+i} \times \frac{1-i}{1-i} = \frac{2\sqrt{2}-i2\sqrt{2}}{1+1} = \sqrt{2}-i\sqrt{2}$$

4.1.5 दो सम्मिश्र संख्याओं की समानता

दो सम्मिश्र संख्याएँ $z_1 = x_1 + iy_1$ और $z_2 = x_2 + iy_2$ समान कहलाती हैं, यदि और केवल यदि उनके वास्तविक और काल्पनिक भाग अलग-अलग समान हों।

अर्थात $z_1 = z_2 \Leftrightarrow x_1 + iy_1 = x_2 + iy_2 \Leftrightarrow x_1 = x_2$ और $y_1 = y_2$.

सम्मिश्र संख्याओं में क्रम का गुण नहीं होता है अर्थात् $(a+ib) < (\text{or}) > (c+id)$ परिभाषित नहीं होता है। उदाहरण के लिए, कथन $(9+6i) > (3+2i)$ का कोई अर्थ नहीं है।

उदाहरण 5: x और y के वास्तविक मान, जिनके लिए समीकरण $(x + iy)(2 - 3i) = 4 + i$ संतुष्ट होती हैं:

(a) $x = \dfrac{5}{13}, y = \dfrac{8}{13}$ (b) $x = \dfrac{8}{13}, y = \dfrac{5}{13}$

(c) $x = \dfrac{5}{13}, y = \dfrac{14}{13}$ (d) इनमे से कोई नहीं

हल: (c) समीकरण $(x+iy)(2-3i) = 4+i$

$\Rightarrow \quad (2x+3y)+i(-3x+2y) = 4+i$

वास्तविक और काल्पनिक भागों की बराबरी करने पर, हम प्राप्त करते हैं

$$2x + 3y = 4 \quad \text{...(i)}$$

$$-3x + 2y = 1 \quad \text{...(ii)}$$

(i) और (ii), से हमें मिलता है

$$x = \frac{5}{13}, y = \frac{14}{13}$$

वैकल्पिक: $x + iy = \dfrac{4+i}{2-3i} = \dfrac{(4+i)(2+3i)}{13} = \dfrac{5}{13} + \dfrac{14}{13}i$

4.2 सम्मिश्र संख्या का संयुग्मी

4.2.1 संयुग्मित सम्मिश्र संख्या

यदि कोई सम्मिश्र संख्या $z = a + ib, a, b \in \mathrm{R}$, का अस्तित्व है, तब इसका संयुग्म $\bar{z} = a - ib$ से परिभाषित किया जाता है।

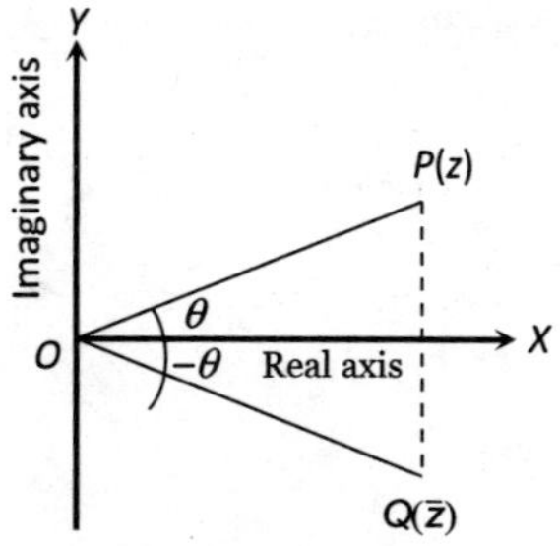

चित्र 4.1: संयुग्म सम्मिश्र संख्या

अत:, $\mathrm{Re}(z) = \dfrac{z + \bar{z}}{2}$ तथा $\mathrm{Im}(z) = \dfrac{z - \bar{z}}{2i}$.

ज्यामितीय रूप से, z का संयुग्म वास्तविक अक्ष में z का प्रतिबिंब या बिंदु प्रतिबिंब है।

4.2.2 संयुग्मी के गुण

यदि z, z_1 और z_2 सम्मिश्र संख्याएँ हैं, तब निम्नलिखित परिणाम प्राप्त होते है :

(i) $\overline{(\bar{z})} = z$

(ii) $\overline{z_1 + z_2} = \bar{z}_1 + \bar{z}_2$

(iii) $\overline{z_1 - z_2} = \bar{z}_1 - \bar{z}_2$

(iv) $\overline{z_1 z_2} = \bar{z}_1\, \bar{z}_2$, व्यापक रूप में $\overline{z_1.z_2.z_3.....z_n} = \bar{z}_1.\bar{z}_2.\bar{z}_3.....\bar{z}_n$

(v) $\overline{\left(\dfrac{z_1}{z_2}\right)} = \dfrac{\bar{z}_1}{\bar{z}_2}, z_2 \neq 0$

(vi) $(\bar{z})^n = \overline{(z^n)}$

(vii) $z + \bar{z} = 2\,\mathrm{Re}(z) = 2\,\mathrm{Re}(\bar{z}) =$ विशुद्ध वास्तविक

(viii) $z - \bar{z} = 2i\,\mathrm{Im}(z) =$ विशुद्ध काल्पनिक

(ix) $z\bar{z} = |z|^2 =$ विशुद्ध वास्तविक

उदाहरण 6: सम्मिश्र संख्या $\dfrac{2+5i}{4-3i}$ का संयुग्मी है:

(a) $\dfrac{7-26i}{25}$

(b) $\dfrac{-7-26i}{25}$

(c) $\dfrac{-7-26i}{25}$

(d) $\dfrac{7+26i}{25}$

हल: (b) $\dfrac{2+5i}{4-3i}=\dfrac{(2+5i)(4+3i)}{25}=\dfrac{-7+26i}{25}$

अत: सम्मिश्र संख्या का संयुग्म है $\dfrac{-7-26i}{25}$.

उदाहरण 7: निम्न का सम्मिश्र संयुग्म ज्ञात कीजिए।

(i) $(-2+i)(3i-2)$ (ii) $\dfrac{1+7i}{(2-i)^2}$ (iii) $\dfrac{1+2i}{3-4i}+\dfrac{i-2}{3+4i}$

हल: (i) माना कि $z=(-2+i)(3i-2)$

$\therefore \quad z=-6i+4+3i^2-2i=1-8i$

$\therefore \quad \bar{z}=1+8i$

(ii) माना कि $z=\dfrac{1+7i}{(2-i)^2}$

$\therefore \quad z=\dfrac{1+7i}{(2-i)^2}=\dfrac{1+7i}{4-4i-1}=\dfrac{1+7i}{3-4i}$

$\therefore \quad z=\dfrac{1+7i}{3-4i}\times\dfrac{3+4i}{3+4i}=\dfrac{3+4i+21i+28i^2}{(3)^2+(4)^2}=\dfrac{-25+25i}{25}=-1+i$

$\therefore \quad \bar{z}=-1-i$

(iii) माना कि $z=\dfrac{1+2i}{3-4i}+\dfrac{i-2}{3+4i}$

$\therefore \quad z=\dfrac{(1+2i)(3+4i)+(i-2)(3-4i)}{(3-4i)(3+4i)}$

$\therefore \quad z=\dfrac{3+4i+6i+8i^2+3i-4i^2-6+8i}{9+16}=\dfrac{-7+21i}{25}=-\dfrac{7}{25}+\dfrac{21}{25}i$

$\therefore \quad \bar{z}=-\dfrac{7}{25}-\dfrac{21}{25}i$

4.3 सम्मिश्र संख्या का मापांक

4.3.1 सम्मिश्र संख्या *z* = *a* + *ib* का मापांक

सम्मिश्र संख्या $z=a+ib$ का मापांक एक धनात्मक वास्तविक संख्या $|z|=\sqrt{a^2+b^2}$, द्वारा परिभाषित किया जाता है जहाँ a, b वास्तविक संख्याएँ हैं। ज्यामितीय रूप से $|z|$ मूल बिंदु से बिंदु P की दूरी को दर्शाता है, अर्थात $|z|=$ OP.

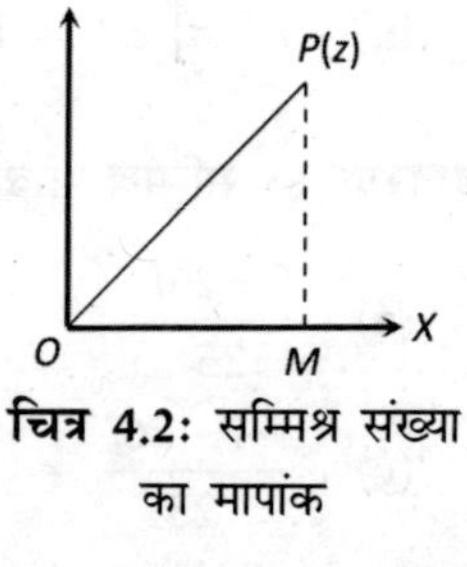

चित्र 4.2: सम्मिश्र संख्या का मापांक

यदि $|z|=1$ तब संगत सम्मिश्र संख्या को यूनिमोड्यूलर सम्मिश्र संख्या के रूप में जाना जाता है।

स्पष्ट रूप से z, इकाई त्रिज्या वाले वृत्त पर स्थित है, जिसका केंद्र $(0, 0)$ है।

4.3.2 मापांक के गुण

(i) $|z| \geq 0 \Rightarrow |z| = 0$ यदि $z = 0$ तथा $|z| > 0$ यदि $z \neq 0$

(ii) $-|z| \leq \text{Re}(z) \leq |z|$ तथा $-|z| \leq \text{Im}(z) \leq |z|$

(iii) $|z| = |\bar{z}| = |-z| = |-\bar{z}| = |zi|$

(iv) $z\bar{z} = |z|^2 = |\bar{z}|^2$

(v) $|z_1 z_2| = |z_1||z_2|$

व्यापक रूप में, $|z_1 z_2 z_3 ...... z_n| = |z_1||z_2||z_3|....|z_n|$

(vi) $\left|\dfrac{z_1}{z_2}\right| = \dfrac{|z_1|}{|z_2|}$, $(z_2 \neq 0)$

(vii) $|z^n| = |z|^n, n \in \text{N}$

(viii) $|z_1 \pm z_2|^2 = (z_1 \pm z_2)(\bar{z}_1 \pm \bar{z}_2) = |z_1|^2 + |z_2|^2 \pm (z_1\bar{z}_2 + \bar{z}_1 z_2)$ या $|z_1|^2 + |z_2|^2 \pm 2\,\text{Re}(z_1\bar{z}_2)$

उदाहरण 8: $\left(\dfrac{3+2i}{3-2i}\right)$ का मापांक है:

(a) 1 (b) 1/2

(c) 2 (d) $\sqrt{2}$

हल: (a) $\left(\dfrac{3+2i}{3-2i}\right) = \left(\dfrac{3+2i}{3-2i}\right)\left(\dfrac{3+2i}{3+2i}\right) = \dfrac{9-4+12i}{13} = \dfrac{5}{13} + i\left(\dfrac{12}{13}\right)$

मापांक $= \sqrt{\left(\dfrac{5}{13}\right)^2 + \left(\dfrac{12}{13}\right)^2} = 1$

उदाहरण 9: निम्न का मापांक (परिमाण) ज्ञात कीजिए।

(i) $(2+5i)+3(i+1)-(1+5i)$ (ii) $\dfrac{(1+i\sqrt{2})(1-i\sqrt{2})}{4+3i}$

(iii) $4(1-i)+[(2+5i)(i-2)]$

हल: (i) माना कि $z = (2+5i)+3(i+1)-(1+5i)$

$\therefore \quad z = (2+5i)+3(i+1)-(1+5i) = 2+5i+3i+3-1-5i$

$\therefore \quad z = 4+3i$

$\therefore \quad |z| = \sqrt{(4)^2+(3)^2} = \sqrt{25} = 5$

(ii) माना कि $z = \dfrac{(1+i\sqrt{2})(1-i\sqrt{2})}{4+3i}$

$\therefore \quad z = \dfrac{\left((1)^2 + (\sqrt{2})^2\right)}{4+3i} = \dfrac{3}{4+3i}$

$\therefore \quad z = \dfrac{3}{4+3i} \times \dfrac{4-3i}{4-3i} = \dfrac{12-9i}{(4)^2+(3)^2} = \dfrac{12-9i}{25} = \dfrac{12}{25} - \dfrac{9}{25}i$

$\therefore \quad |z| = \sqrt{\left(\dfrac{12}{25}\right)^2 + \left(\dfrac{9}{25}\right)^2} = \sqrt{\dfrac{144+81}{625}} = \sqrt{\dfrac{225}{625}} = \sqrt{\dfrac{9}{25}} = \dfrac{3}{5}$

या

माना कि $z = \dfrac{3}{4+3i} = \dfrac{z_1}{z_2}$, जहां $z_1 = 3 + 0.i$ और $z^2 = 4 + 3i$

$\therefore \quad |z_1| = \sqrt{(3)^2} = 3$ और $|z_2| = \sqrt{(4)^2+(3)^2} = \sqrt{25} = 3$

$\therefore \quad \left|\dfrac{z_1}{z_2}\right| = \left|\dfrac{z_1}{z_2}\right| = \dfrac{3}{5}$

(iii) माना कि $z = 4(1-i) + [(2+5i)(i-2)]$

$\therefore \quad z = (4 - 4i) + (2i - 4 + 5i^2 - 10i) = 4 - 4i + 2i - 4 - 5 - 10i = -5 - 12i$

$\therefore \quad z = -5 - 12i$

$\therefore \quad |z| = \sqrt{(-5)^2 + (-12)^2} = \sqrt{25+144} = \sqrt{169} = 13$

4.4 सम्मिश्र संख्या का कोणांक

4.4.1 परिभाषा

माना की $z = a + ib$ कोई सम्मिश्र संख्या है। यदि इस सम्मिश्र संख्या को ज्यामितीय रूप से एक बिंदु P द्वारा दर्शाया जाता है, तो वास्तविक अक्ष के साथ OP रेखा द्वारा बनाए गए कोण को z के कोणांक या एम्प्लीट्यूड के रूप में जाना जाता है और इसे निम्न रूप में व्यक्त किया जाता है

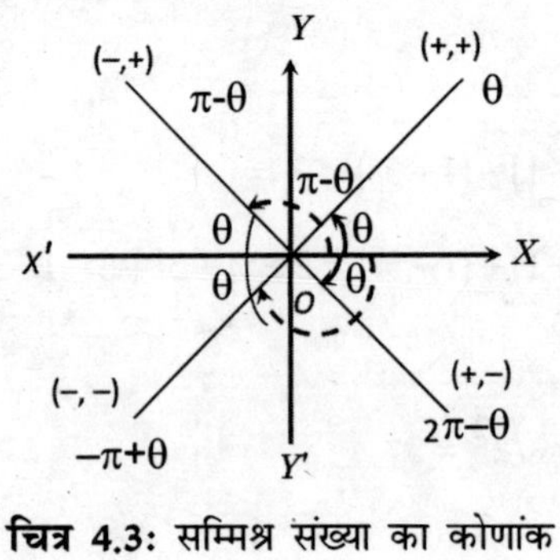

चित्र 4.3: सम्मिश्र संख्या का कोणांक

$\arg(z) = \theta = \tan^{-1}\left(\frac{b}{a}\right)$, $\theta = \angle POM$, एक सम्मिश्र संख्या का कोणांक अद्वितीय नहीं है, क्योंकि यदि कोणांक का मान θ हो, तो $2n\pi + \theta$, भी होगा, जहाँ $n \in I$

4.4.2 arg (*z*) का मुख्य मान

कोणांक θ का वह मान, जो $-\pi < \theta \leq \pi$ को संतुष्ट करता है, कोणांक का मुख्य मान कहलाता है, जहाँ $\alpha = \tan^{-1}\left|\frac{b}{a}\right|$ (न्यून कोण) और z के कोणांक के मुख्य मान $\alpha, \pi - \alpha, -\pi + \alpha$ और $-\alpha$ होंगे, जबकि बिंदु z क्रमशः पहले, दूसरे, तीसरे और चौथे चतुर्थांश में स्थित है।

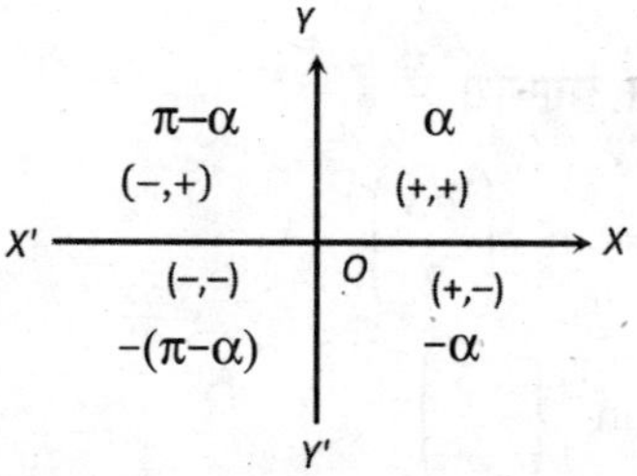

चित्र 4.4: कोणांक का मुख्य मान

उदाहरण 10: सम्मिश्र संख्या $-1 + i\sqrt{3}$ का कोणांक है:

(a) -60° (b) 60°

(c) 120° (d) -120°

हल: (c) $arg(-1 + i\sqrt{3}) = \tan^{-1}\left(\frac{\sqrt{3}}{-1}\right) = 120^{o}$ क्योंकि यह दूसरे चतुर्थांश में स्थित है।

उदाहरण 11: निम्नलिखित का कोणांक ज्ञात कीजिए।

(i) $1 + i$ (ii) $-1 - i\sqrt{3}$ (iii) $2 + i\sqrt{3}$

हल: (i) माना कि $z = 1 + i$

$\therefore$ $z = 1 + i$ यहां $x = 1$ और $y = 1$

$\therefore$ $r = \sqrt{x^2 + y^2} = \sqrt{1+1} = \sqrt{2}$

यहाँ $x > 0$ और $y > 0$ प्रथम चतुर्थांश में हैं

$\therefore$ $\tan\theta = \frac{y}{x} = \frac{1}{1} = 1$ $\therefore \theta = \frac{\pi}{4}$

$\therefore$ $\text{amp}(z) = \arg(z) = \theta = \frac{\pi}{4}$

(ii) माना कि $z = -1 - i\sqrt{3}$

$\therefore$ $z = -1 - i\sqrt{3}$ यहाँ $x = -1$ और $y = -\sqrt{3}$

$\therefore$ $r = \sqrt{x^2 + y^2} = \sqrt{(-1)^2 + (-\sqrt{3})^2} = \sqrt{1+3} = 2$

यहाँ $x < 0$ और $y < 0, \theta$ तृतीय चतुर्थांश में हैं

$$\therefore \quad \tan\theta = \frac{y}{x} = \frac{-\sqrt{3}}{-1} = \sqrt{3} \quad \therefore \theta = \frac{\pi}{3}$$

$$\therefore \text{ amp}(z) = \arg(z) = \theta - \pi = \frac{\pi}{3} - \pi = -\frac{2\pi}{3}$$

(iii) माना कि $z = 2 + i\sqrt{3}$

$\therefore \quad z = 2 + i$ यहां $x = 2$ और $y = \sqrt{3}$

$$\therefore \quad r = \sqrt{x^2 + y^2} = \sqrt{(2)^2 + \left(\sqrt{3}\right)^2} = \sqrt{4+3} = \sqrt{7}$$

यहाँ $x > 0$ और $y > 0, \theta$ प्रथम चतुर्थांश में हैं

$$\therefore \quad \tan\theta = \frac{y}{x} = \frac{\sqrt{3}}{2} \quad \therefore \theta = \tan^{-1}\left(\frac{\sqrt{3}}{2}\right)$$

$$\therefore \text{ amp}(z) = \arg(z) = \theta = \tan^{-1}\left(\frac{\sqrt{3}}{2}\right)$$

तालिका 4.1: सम्मिश्र संख्याओं के कोणांक का मान

सम्मिश्र संख्या	कोणांक का मान
$+ve\ \text{Re}(z)$	0
$-ve\ \text{Re}(z)$	π
$+ve\ \text{Im}(z)$	$\pi/2$
$-ve\ \text{Im}(z)$	$3\pi/2$ or $-\pi/2$
$-(z)$	$\lvert\theta \pm \pi\rvert$, यदि θ क्रमशः ऋणात्मक और धनात्मक है।
(iz)	$\left\{\frac{\pi}{2} + \arg(z)\right\}$
$-(iz)$	$\left\{\arg(z) - \frac{\pi}{2}\right\}$
(z^n)	$n.\arg(z)$
$(z_1.z_2)$	$\arg(z_1) + \arg(z_2)$
$\left(\frac{z_1}{z_2}\right)$	$\arg(z_1) - \arg(z_2)$

4.5 सम्मिश्र संख्या के विभिन्न निरूपण

एक सम्मिश्र संख्या को निम्नलिखित रूप में दर्शाया जा सकता है:

4.5.1 ज्यामितीय निरूपण (कार्तीय निरूपण)

सम्मिश्र संख्या $z = a + ib = (a, b)$ को बिंदु P द्वारा निरूपित किया जाता है जिसके निर्देशांक आयताकार अक्षों XOX′ और YOY′ से संदर्भित होते हैं, और जिन्हें क्रमशः वास्तविक (Real) और काल्पनिक अक्ष (Imaginary axis) कहा जाता है। इस तल को आर्गंड तल या आर्गंड आरेख या सम्मिश्र तल या गॉसियन तल कहा जाता है।

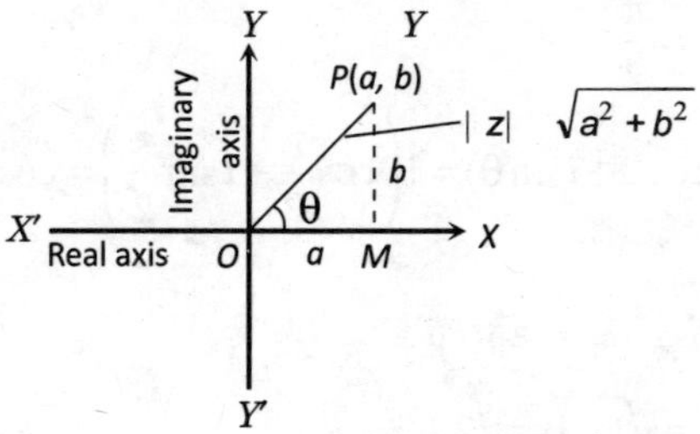

चित्र 4.5: सम्मिश्र संख्या का कार्तीय निरूपण

किसी भी सम्मिश्र संख्या की मूल बिंदु से दूरी को सम्मिश्र संख्या का मापांक कहा जाता है, और इसे $|z|$, द्वारा निरूपित किया जाता है। अर्थात $|z| = \sqrt{a^2 + b^2}$.

किसी भी सम्मिश्र संख्या z का x-अक्ष की धनात्मक दिशा के साथ कोण उसका कोणांक (आर्ग्युमेंट या एम्प्लीट्यूड) कहलाता है। अर्थात, $\text{amp}(z) = \arg(z) = \tan^{-1}\left(\frac{b}{a}\right)$

4.5.2 त्रिकोणमितीय (ध्रुवीय) निरूपण

OPM में, माना OP = r, तब $a = r\cos\theta$ और $b = r\sin\theta$, अतः z को $z = r(\cos\theta + i\sin\theta)$ के रूप में व्यक्त किया जा सकता है। जहां $r = |z|$ और $\theta = z$ के कोणांक का मुख्य मान।

कोणांक के व्यापक मान के लिए, $z = r[\cos(2n\pi + \theta) + i\sin(2n\pi + \theta)]$

कभी कभी $(\cos\theta + i\sin\theta)$ को $\text{cis}\theta$ के रूप में भी लिखा जाता है।

सम्मिश्र संख्याएँ

4.5.3 एक रूप का दूसरे रूप में रूपांतरण

उदाहरण 12: $\frac{1-i}{1+i}$ का ध्रुवीय रूप बराबर होता है:

(a) $\cos\frac{\pi}{2} + i\sin\frac{\pi}{2}$ (b) $\cos\frac{\pi}{2} - i\sin\frac{\pi}{2}$ (c) $\sin\frac{\pi}{2} + i\cos\frac{\pi}{2}$ (d) इनमे से कोई नहीं

हल:(b) $\frac{1-i}{1+i} = \frac{(1-i)(1-i)}{(1+i)(1-i)} = \frac{1+(i)^2 - 2i}{1+1} = -i$

जिसे $\cos\frac{\pi}{2} - i\sin\frac{\pi}{2}$ के रूप में लिखा जा सकता है।

उदाहरण 13: निम्नलिखित सम्मिश्र संख्याओं के कार्तीय को ध्रुवीय रूप में बदलिए।

(i) i (ii) $-1+i$ (ii) $2\sqrt{3}-2i$

हल: (i) माना कि $z = i$

$\therefore \quad z = i = 0 + i$, यहां $x = 0$ और $y = 1$

$\therefore \quad r = \sqrt{x^2+y^2} = \sqrt{0+1} = 1$

$\therefore \quad \tan\theta = \dfrac{y}{x} = \dfrac{1}{0} = \infty \quad \therefore\ \theta = \dfrac{\pi}{2}$

$\therefore$ amp(z) = $\arg(z) = \theta = \dfrac{\pi}{2}$

$\therefore \quad z = r cis\theta = r(\cos\theta + i\sin\theta) = 1\left(\cos\dfrac{\pi}{2} + i\sin\dfrac{\pi}{2}\right) = \cos\dfrac{\pi}{2} + i\sin\dfrac{\pi}{2}$

(ii) माना कि $z = -1 + i$

$\therefore \quad z = -1 + i$ यहां $x = -1$ और $y = 1$

$\therefore \quad r = \sqrt{x^2+y^2} = \sqrt{1+1} = \sqrt{2}$

यहाँ $x < 0$ और $y > 0, \theta$ द्वितीय चतुर्थांश में हैं

$\therefore \quad \tan\theta = \dfrac{y}{x} = \dfrac{1}{-1} = -1 \quad \therefore\ \theta = \dfrac{3\pi}{4}$

$\therefore$ amp(z) = $\arg(z) = \theta = \dfrac{3\pi}{4}$

$\therefore \quad z = r cis\theta = r(\cos\theta + i\sin\theta) = \sqrt{2}\left(\cos\dfrac{3\pi}{4} + i\sin\dfrac{3\pi}{4}\right)$

(iii) माना कि $z = 2\sqrt{3} - 2i$

$\therefore \quad z = 2\sqrt{3} - 2i$ यहां $x = 2\sqrt{3}$ और $y = -2$

$\therefore \quad r = \sqrt{\left(2\sqrt{3}\right)^2 + (-2)^2} = \sqrt{12+4} = 4$

यहाँ $x > 0$ और $y < 0, \theta$ चतुर्थ चतुर्थांश में हैं

$\therefore \quad \tan\theta = \left|\dfrac{y}{x}\right| = \left|\dfrac{-2}{2\sqrt{3}}\right| = \dfrac{1}{\sqrt{3}} \qquad \therefore\ \theta = \dfrac{\pi}{6}$

$\therefore$ amp(z) = $\arg(z) = -\theta = -\dfrac{\pi}{6}$

$\therefore \quad z = r cis\theta = r(\cos\theta + i\sin\theta) = 4\left(\cos\left(\dfrac{-\pi}{6}\right) + i\sin\left(\dfrac{-\pi}{6}\right)\right) = 4\left(\cos\dfrac{\pi}{6} - i\sin\dfrac{\pi}{6}\right)$

4.6 डी-मॉयवर की प्रमेय

1. यदि n कोई परिमेय संख्या है, तो $(\cos\theta + i\sin\theta)^n = \cos n\theta + i\sin n\theta$
2. यदि $z = (\cos\theta_1 + i\sin\theta_1)(\cos\theta_2 + i\sin\theta_2)(\cos\theta_3 + i\sin\theta_3)(\cos\theta_n + i\sin\theta_n)$
   तो $z = \cos(\theta_1 + \theta_2 + \theta_3 + ... + \theta_n) + i\sin(\theta_1 + \theta_2 + \theta_3 + ... + \theta_n)$, जहां $\theta_1 + \theta_2 + \theta_3 .... \theta_n \in R$

3. यदि $z = r(\cos\theta + i\sin\theta)$ और n एक धनात्मक पूर्णांक है, तो $z^{1/n} = r^{1/n}\left[\cos\left(\frac{2k\pi+\theta}{n}\right) + i\sin\left(\frac{2k\pi+\theta}{n}\right)\right]$ जहां $k = 0, 1, 2, 3, ...(n-1)$.

यह प्रमेय तब मान्य नहीं है जब n एक परिमेय संख्या नहीं है या सम्मिश्र संख्या $\cos\theta + i\sin\theta$ के रूप में नहीं है

उदाहरण 14: यदि $z = \left(\frac{\sqrt{3}}{2} + \frac{i}{2}\right)^5 + \left(\frac{\sqrt{3}}{2} - \frac{i}{2}\right)^5$,

(a) $\text{Re}(z) = 0$ (b) $\text{Im}(z) = 0$

(c) $\text{Re}(z) > 0, \text{Im}(z) > 0$ (d) $\text{Re}(z) > 0, \text{Im}(z) < 0$

हल: (a) डी-मॉयवर प्रमेय के प्रयोग से

$(\cos\theta + i\sin\theta)^n = (\cos n\theta + i\sin n\theta)$ और $n = 0, 1, 2$ रखने पर हमें आवश्यक मूल प्राप्त होते है।

उदाहरण 15: डी-मॉयवर प्रमेय का प्रयोग करके निम्नलिखित को सरल कीजिए।

(i) $\left[\frac{\cos 3\theta + i\sin 3\theta}{\cos\theta - i\sin\theta}\right]^2$ (ii) $\frac{(\cos 3\theta + i\sin 3\theta)^2 (\cos 5\theta + i\sin 5\theta)^{-3}}{(\cos 4\theta + i\sin 4\theta)^{-5} (\cos 2\theta + i\sin 2\theta)^4}$

हल: (i) माना कि $z = \left[\frac{\cos 3\theta + i\sin 3\theta}{\cos\theta - i\sin\theta}\right]^2$

$$\therefore \quad z = \frac{(\cos 3\theta + i\sin 3\theta)^2}{(\cos\theta - i\sin\theta)^2} = \frac{\left[(\cos\theta + i\sin\theta)^3\right]^2}{\left[(\cos\theta + i\sin\theta)^{-1}\right]^2} = \frac{(\cos\theta + i\sin\theta)^6}{(\cos\theta + i\sin\theta)^{-2}}$$

$$\therefore \quad r = (\cos\theta + i\sin\theta)^{6-(-2)} = (\cos\theta + i\sin\theta)^8 = \cos 8\theta + i\sin 8\theta$$

(ii) माना कि $z = \frac{(\cos 3\theta + i\sin 3\theta)^2 (\cos 5\theta + i\sin 5\theta)^{-3}}{(\cos 4\theta + i\sin 4\theta)^{-5} (\cos 2\theta + i\sin 2\theta)^4}$

$$\therefore \quad z = \frac{\left[(\cos\theta + i\sin\theta)^3\right]^2 \left[(\cos\theta + i\sin\theta)^5\right]^{-3}}{\left[(\cos\theta + i\sin\theta)^4\right]^{-5} \left[(\cos\theta + i\sin\theta)^2\right]^4} = \frac{(\cos\theta + i\sin\theta)^6 (\cos\theta + i\sin\theta)^{-15}}{(\cos\theta + i\sin\theta)^{-20} (\cos\theta + i\sin\theta)^8}$$

$$\therefore \quad z = (\cos\theta + i\sin\theta)^{6+(-15)-(-20)-8} = (\cos\theta + i\sin\theta)^3 = \cos 3\theta + i\sin 3\theta$$

उदाहरण 16: सिद्ध कीजिए कि $(\sin\theta + i\cos\theta)^{4n} = \cos 4n\theta - i\sin 4n\theta, n \varepsilon N$

हल: बायाँ पक्ष $(\sin\theta + i\cos\theta)^{4n} = \left[\cos\left(\frac{\pi}{2} - \theta\right) + i\sin\left(\frac{\pi}{2} - \theta\right)\right]^{4n}$

$$= \cos 4n\left(\frac{\pi}{2} - \theta\right) + i\sin 4n\left(\frac{\pi}{2} - \theta\right) = \cos(2n\pi - 4n\theta) + i\sin(2n\pi - 4n\theta)$$

$= \cos(4n\theta) - i\sin(4n\theta) =$ दायाँ पक्ष

उदाहरण 17: सिद्ध कीजिए कि $(\sqrt{3}+i)^n+(\sqrt{3}-i)^n = 2^{n+1}\cos\left(\frac{n\pi}{6}\right), n>0$

हल: माना $z_1 = (\sqrt{3}+i)$ और $z_2 = (\sqrt{3}-i)$

z_1 और z_2 का रूपांतरण ध्रुवीय रूप में करने पर,

$$\therefore \quad z_1 = \left(\sqrt{3}+i\right) = 2\left[\cos\left(\frac{\pi}{6}\right)+i\sin\left(\frac{\pi}{6}\right)\right] \text{ and } z_2 = \left(\sqrt{3}-i\right) = 2\left[\cos\left(\frac{\pi}{6}\right)-i\sin\left(\frac{\pi}{6}\right)\right]$$

अब, बायाँ पक्ष $= (\sqrt{3}+i)^n+(\sqrt{3}-i)^n = (\sqrt{3}+i)^n+(\sqrt{3}-i)^n$

$$= \left\{2\left[\cos\left(\frac{\pi}{6}\right)+i\sin\left(\frac{\pi}{6}\right)\right]\right\}^n + \left\{2\left[\cos\left(\frac{\pi}{6}\right)-i\sin\left(\frac{\pi}{6}\right)\right]\right\}^n$$

$$= 2^n\left[\cos\left(\frac{n\pi}{6}\right)+i\sin\left(\frac{n\pi}{6}\right)+\cos\left(\frac{n\pi}{6}\right)-i\sin\left(\frac{n\pi}{6}\right)\right]$$

$$= (2)^{n+1}\cos\left(\frac{n\pi}{6}\right) = \text{दायाँ पक्ष}$$

ओर जानें-
सम्मिश्र संख्या

4.7 आंशिक भिन्न

स्मरण करते है, कि एक परिमेय फलन को दो बहुपदों के अनुपात $\frac{P(x)}{Q(x)}$ के रूप में परिभाषित किया जाता है, जहां $P(x)$ और $Q(x), x$ में बहुपद हैं, और $Q(x) \neq 0$. यदि $P(x)$ की घात $Q(x)$ की घात से कम है, तो ऐसा परिमेय फलन उचित कहलाता है, अन्यथा विषम कहलाता है। लंबी विभाजन प्रक्रिया द्वारा विषम परिमेय फलन को उचित परिमेय फलन में परिवर्तित किया जा सकता है। इस प्रकार यदि $\frac{P(x)}{Q(x)}$ एक विषम फलन है, तो $\frac{P(x)}{Q(x)} = T(x) + \frac{P_1(x)}{Q(x)}$ जहां $T(x), x$ में बहुपद हैं और $\frac{P_1(x)}{Q(x)}$ एक उचित परिमेय फलन है। निम्न तालिका विभिन्न प्रकार के परिमेय फलनो (rational functions) से सम्बद्ध सरल आंशिक भिन्नों (partial fractions) के प्रकारों को दर्शाती है।

तालिका 4.2: परिमेय फलनों के रूप और संबंधित आंशिक भिन्न

क्रमांक	परिमेय फलन का रुप	आंशिक भिन्न का रूप
1	$\frac{px\ \ q}{(x-a)(x-b)}\ a \neq b$	$\frac{A}{x-a}+\frac{B}{x-b}$
2	$\frac{px+q}{(x-a)^2}$	$\frac{A}{x-a}+\frac{B}{(x-b)^2}$
3	$\frac{px^2+qx+r}{(x-a)(x-b)(x-c)}$	$\frac{A}{x-a}+\frac{B}{x-b}+\frac{C}{x-c}$
4	$\frac{px^2+qx+r}{(x-a)^2(x-b)}$	$\frac{A}{x-a}+\frac{B}{(x-a)^2}+\frac{C}{x-b}$
5	$\frac{px^2+qx+r}{(x-a)(x^2+bx+c)}$ जहाँ x^2+bx+c को गुणनखंड में विभक्त नहीं किया जा सकता है।	$\frac{A}{x-a}+\frac{Bx+C}{x^2+bx+c}$

उदाहरण 18: आंशिक भिन्न में विभक्त कीजिए : $\frac{1}{(x+1)(x+2)}$

हल: दिया गया फलन एक उचित परिमेय फलन है। इसलिए, आंशिक भिन्न [तालिका] के रूप का प्रयोग करके हम लिखते हैं:

$$\frac{1}{(x+1)(x+2)}=\frac{A}{(x+1)}+\frac{B}{(x+2)}$$

जहाँ, वास्तविक संख्याओं A और B को उपयुक्त रूप से निर्धारित किया जाना है।

$$1 = A(x + 2) + B(x + 1)$$

x के गुणांकों और अचर पद की बराबरी करने पर, हम प्राप्त करते है,

$$A + B = 0 \text{ और}$$

$$2A + B = 1$$

इन समीकरणों को हल करने पर, हम प्राप्त करते हैं $A = 1$ और $B = -1$.

इस प्रकार, भिन्न है

$$\frac{1}{(x+1)(x+2)}=\frac{1}{(x+1)}+\frac{-1}{(x+2)}$$

उदाहरण 19: आंशिक भिन्न में विभक्त कीजिए : $\frac{x^2+1}{x^2-5x+6}$

हल: यहाँ भिन्न उचित परिमेय फलन नहीं है, इसलिए हम $x^2 + 1$ को $x^2 - 5x + 6$ से विभाजित करते हैं, तब

$$\frac{x^2+1}{x^2-5x+6}=1+\frac{5x-5}{x^2-5x+6}=1+\frac{5x-5}{(x-2)(x-3)}$$

माना, $$\frac{5x-5}{(x-2)(x-3)}=\frac{A}{x-2}+\frac{B}{x-3}$$

इस प्रकार $$5x - 5 = A(x - 3) + B(x - 2)$$

दोनों पक्षों के x और अचर पदों के गुणांकों की बराबरी करने पर, हमें प्राप्त होता हैं

$$A + B = 5 \text{ और}$$

$$3A + 2B = 5.$$

इन समीकरणों को हल करने पर, हमें प्राप्त होता हैं। $A = -5$ और $B = 10$

इस प्रकार, $$\frac{x^2+1}{x^2-5x+6}=1-\frac{5}{x-2}+\frac{10}{x-3}$$

उदाहरण 20: आंशिक भिन्न में विभक्त कीजिए : $\frac{3x-2}{(x+1)^2(x+3)}$

हल: यहाँ दिया गया फलन उस प्रकार का है, जैसा कि तालिका में दिया गया है। तो हम लिखते हैं:

$$\frac{3x-2}{(x+1)^2(x+3)}=\frac{A}{(x+1)}+\frac{B}{(x+1)^2}+\frac{C}{(x+3)}$$

इस प्रकार, $$3x - 2 = A(x + 1)(x + 3) + B(x + 3) + C(x + 1)^2$$

$$3x - 2 = A(x^2 + 4x + 3) + B(x + 3) + C(x^2 + 2x + 1)$$

दोनों पक्षों के x^2, x और अचर पदों के गुणांकों की तुलना करने पर, हमें प्राप्त होता हैं,

$$A + C = 0,$$
$$4A + B + 2C = 3 \text{ और}$$
$$3A + 3B + C = -2$$

इन समीकरणों को हल करने पर, हमें प्राप्त होता हैं, $A = \frac{11}{4}, B = -\frac{5}{2}$ और $C = -\frac{11}{4}$

इस प्रकार, $$\frac{3x-2}{(x+1)^2(x+3)} = \frac{11}{4(x+1)} - \frac{5}{2(x+1)^2} - \frac{11}{4(x+3)}$$

उदाहरण 21: आंशिक भिन्न में विभक्त कीजिए : $\frac{x^2}{(x^2+1)(x^2+4)}$

हल: माना $\frac{x^2}{(x^2+1)(x^2+4)}$ और $x^2 = y$ प्रतिस्थापित करते है,

तब हमे मिलता है: $$\frac{x^2}{(x^2+1)(x^2+4)} = \frac{y}{(y+1)(y+4)}$$

और लिखते है: $$\frac{y}{(y+1)(y+4)} = \frac{A}{y+1} + \frac{B}{y+4}$$

इस प्रकार, $$y = A(y+4) + B(y+1)$$

दोनों पक्षों के y और अचर पदों के गुणांकों की तुलना करने पर, हमें प्राप्त होता हैं,

$$A + B = 1 \text{ और}$$
$$4A + B = 0,$$

जो प्रदान करता है, $A = -\frac{1}{3}$, $B = \frac{4}{3}$, इस प्रकार, हमे मिलता है,

$$\frac{y}{(y+1)(y+4)} = -\frac{1}{3(y+1)} + \frac{4}{3(y+4)}$$

$$\frac{x^2}{(x^2+1)(x^2+4)} = -\frac{1}{3(x^2+1)} + \frac{4}{3(x^2+4)}$$

उदाहरण 22: आंशिक भिन्न में विभक्त कीजिए: $\frac{x^2+x+1}{(x+2)(x^2+1)}$

हल: परिमेय फलन को आंशिक भिन्न [तालिका] में विघटित करने पर A हम लिखते है,

$$\frac{x^2+x+1}{(x+2)(x^2+1)} = \frac{A}{x+2} + \frac{Bx+c}{x^2+1}$$

इस प्रकार, $$x^2 + x + 1 = A(x^2+1) + (Bx + C)(x+2)$$

दोनों पक्षों के x^2, x और अचर पदों के गुणांकों की तुलना करने पर, हमें प्राप्त होता हैं,

$$A + B = 1,$$
$$2B + C = 1 \text{ और}$$
$$A + 2C = 1$$

इन समीकरणों को हल करने पर, हमें प्राप्त होता हैं, $A=\frac{3}{5}$, $B=\frac{2}{5}$ और $C=\frac{1}{5}$

इस प्रकार, हमे मिलता है,

$$\frac{x^2+x+1}{(x+2)(x^2+1)} = \frac{3}{5(x+2)}+\frac{\frac{2}{5}x+\frac{1}{5}}{x^2+1}=\frac{3}{5(x+2)}+\frac{2x+1}{5(x^2+1)}$$

अनुप्रयोग (वास्तविक जीवन / औद्योगिक)

नियंत्रण सिद्धांत

उदाहरण 1: जब नियंत्रण सिद्धांत में तंत्र को टाइम डोमेन से फ्रिक्वेन्सी डोमेन में बदल दिया जाता है तो लाप्लास रूपांतरण की भूमिका शुरू हो जाती है, इस रूपांतरण के साथ तंत्र की स्थिरता का विश्लेषण सम्मिश्र तल में अनन्तक और मूल के सिद्धांत के आधार पर किया जाता है।

अवशेष प्रमेय

उदाहरण 2: मेरोमोर्फिक फलन के पथ समाकलन का मूल्यांकन सम्मिश्र विश्लेषण में अवशेष प्रमेय पर आधारित है, यह प्रमेय वास्तविक समाकलन की गणना करने में भी मदद करती है।

विद्युत चुंबकत्व

उदाहरण 3: विद्युत चुंबकत्व में वास्तविक भाग को विद्युत और चुंबकीय भाग को काल्पनिक लिया जा सकता है और समग्र रूप से इसे एक जटिल संख्या के रूप में लिया जा सकता है।

सिविल और मैकेनिकल इंजीनियरिंग

उदाहरण 4: सम्मिश्र ज्यामिति और आर्गंड तल का विचार भवन और कार बनाने में बहुत उपयोगी है। यह औजारों को काटने में भी बहुत उपयुक्त है।

द्रव गतिविज्ञान

उदाहरण 5: वैश्लेषिक फलनो का उपयोग दो दिशाओं में संभावित प्रवाह का वर्णन करने के लिए किया जाता है, उनका उपयोग बलों और आघूर्ण की गणना और मौसम के पैटर्न की भविष्यवाणी में भी किया जाता है।

ज्यामिति

उदाहरण 6: सम्मिश्र संख्याओं की अवधारणा का उपयोग भग्न (फ्रैक्टल्स) (जैसे मैंडलब्रॉट सेट और जूलिया सेट) में किया जाता है।

इलेक्ट्रिकल इंजीनियरिंग

उदाहरण 7: एक 2-आयामी राशि को एक सम्मिश्र संख्या द्वारा गणितीय रूप से दर्शाया जा सकता है। सम्मिश्र संख्या के निरूपण में, घटकों को वास्तविक और काल्पनिक के रूप में संदर्भित किया जाता है, उदाहरण के लिए एक घर में 'एसी' वोल्टेज के लिए दो मापदंडों की आवश्यकता होती है।

सिग्नल विश्लेषण

उदाहरण 8: सम्मिश्र संख्याओं का उपयोग सांकेतिक विश्लेषण में किया जाता है। किसी दी गई आवृत्ति की ज्या तरंग के लिए, संबंधित z का निरपेक्ष मान $|z|$ आयाम और कोणांक $\arg(z)$ चरण (phase) है।

कलन में परिमेय फलन

उदाहरण 9: समाकल्य को आंशिक भिन्न में विभक्त करके, परिमेय व्यंजको वाले अनेक समाकलन हल किए जा सकते हैं।

अवकल समीकरण

उदाहरण 10: आंशिक भिन्नों का उपयोग अवकल समीकरणों के सिद्धांत में प्रतिलोम लाप्लास रूपांतर को ज्ञात के लिए किया जा सकता है।

यूनिट सारांश

इस इकाई में पहला खंड एक सम्मिश्र संख्या के वास्तविक और काल्पनिक भागों को परिभाषित करने, साथ ही ध्रुवीय और कार्तीय रूपों में निरूपण और एक रूप से दूसरे रूप में इसका रूपांतरण के लिए समर्पित है। बाद के खंड में सम्मिश्र संख्या के संयुग्म, सम्मिश्र संख्याओं के मापांक और आयाम और सम्मिश्र संख्याओं के साथ मूल अंकगणित, घटाव और विभाजन की सटीक परिभाषा हैं। उदाहरण के लिए, गुणन को ज्यामितीय रूप से वर्णित किया जा सकता है। बीजगणितीय और ज्यामितीय गुणों पर भी चर्चा की गई है। अंतिम तीन खंड बहुपद भिन्न की उचित और विषम भिन्न की परिभाषा और आंशिक भिन्नों और अनुप्रयोगों की परिभाषा पर आधारित हैं। सम्मिश्र संख्याओं की मुख्य अवधारणाओं और अनुप्रयोगों को सुदृढ़ करने के लिए नए उदाहरण विनिर्माण किए गए। कुछ खुले प्रश्नों की भी सलाह दी गई है, ये मौखिक प्रश्न प्रमुख शब्दों और अवधारणाओं की अवधारणात्मक समझ का आकलन करने में मदद करेंगे। दूसरी ओर, बीजगणितीय समस्याएं छात्रों को बीजीय बदलाव को लागू करने में मदद करेंगी, सम्मिश्र संख्याओं के गुणनफल से संबंधित समस्याएं लेखाचित्रीय दृष्टिकोण से छात्रों की व्याख्या करने की, क्षमता का आकलन करती हैं। संख्यात्मक समस्याएँ विद्यार्थी को गणना या गणना करने की आवश्यकता प्रदान करती है। वास्तविक दुनिया के अनुप्रयोग यथार्थवादी समस्या का परिदृश्य प्रस्तुत करते हैं।

अभ्यास

बहुविकल्पीय प्रश्न

1. यदि n धनात्मक पूर्णांक है, तो निम्नलिखित में से कौन सा संबंध असत्य है:

   (a) $i^{4n} = 1$ (b) $i^{4n-1} = i$

   (c) $i^{4n+1} = i$ (d) $i^{-4n} = 1$

2. यदि n धनात्मक पूर्णांक है, $\left(\frac{1+i}{1-i}\right)^{4n+1} =$

   (a) 1 (b) -1

   (c) i (d) $-i$

3. यदि $\left(\frac{1+i}{1-i}\right)^m = 1$, तो m का सबसे छोटा पूर्णांकिय मान है:

(a) 2 (b) 4

(c) 8 (d) इनमें से कोई नहीं

4. यदि $(1 - i)^n = 2^n$, तब $n =$

(a) 1 (b) 0

(c) -1 (d) इनमें से कोई नहीं

5. $(1 - i)^5 \times (1 - i)^5$ का मान है:

(a) -8 (b) $8i$

(c) 8 (d) 32

6. $\left(\frac{1+i}{1-i}\right)^2 + \left(\frac{1-i}{1+i}\right)^2$ के बराबर है:

(a) $2i$ (b) $-2i$

(c) -2 (d) 2

7. $1 + i^2 + i^4 + i^6 + \ldots\ldots\ldots + i^{2n}$ है:

(a) धनात्मक (b) ऋणात्मक

(c) शुन्य (d) निर्धारित नहीं किया जा सकता

8. $i^2 + i^4 + i^6 + \ldots\ldots\ldots (2n + 1)$ तक, पद =

(a) i (b) $-i$

(c) 1 (d) -1

9. यदि $i = \sqrt{-1}$, तब $1 + i^2 + i^3 - i^6 + i^8$ के बराबर है:

(a) $2 - i$ (b) 1

(c) 3 (d) -1

10. यदि $i^2 = -1$, तब, $\sum_{n=1}^{200} i^n$ का मान है:

(a) 50 (b) -50

(c) 0 (d) 100

11. योग $\sum_{n=1}^{13} (i^n + i^{n+1})$, का मान जहाँ $i = \sqrt{-1}$, के बराबर है:

(a) i (b) $i - 1$

(c) $-i$ (d) 0

12. सबसे छोटा धनात्मक पूर्णांक n जो $\left(\frac{i-1}{i+1}\right)^n$ को एक वास्तविक संख्या में बदल देता है,

(a) 2 (b) 3

(c) 4 (d) 5

13. $i^n + i^{n+1} + i^{n+2} + i^{n+3}$, $(n \in N)$ का मान है:

(a) 0 (b) 1

(c) 2 (d) इनमें से कोई नहीं

14. $(1+i)^8+(1-i)^8$ का मान है:

(a) 16 (b) -16

(c) 32 (d) -32

15. $(1+i)^{10}$, जहां $i^2=-1$, का मान है:

(a) $32i$ (b) $64+i$

(c) $24i-32$ (d) इनमें से कोई नहीं

सम्मिश्र संख्याओं के संयुग्म, मापांक और कोणांक पर आधारित प्रश्न

16. यदि $(a+ib)(c+id)(e+if)(g+ih)=A+iB$, तब $(a^2+b^2)(c^2+d^2)(e^2+f^2)(g^2+h^2)=$

(a) A^2+B^2 (b) A^2-B^2

(c) A^2 (d) B^2

17. सम्मिश्र संख्या z के लिए $z+\overline{z}$ और $z\overline{z}$ में से एक है:

(a) एक वास्तविक संख्या (b) एक काल्पनिक संख्या

(c) दोनो वास्तविक संख्याएँ हैं (d) दोनों काल्पनिक संख्याएं हैं

18. x और y के मान जिनके संख्याएँ $3+ix^2y$ और x^2+y+4i सम्मिश्र संयुग्मी हो सकती है

(a) $(-2,-1)$ or $(2,-1)$ (b) $(-1,2)$ or $(-2,1)$

(c) $(1,2)$ or $(-1,-2)$ (d) इनमें से कोई नहीं

19. यदि $z=3+5i$, तब $z^3+\overline{z}+198=$

(a) $-3-5i$ (b) $-3+5i$

(c) $3+5i$ (d) $3-5i$

20. सम्मिश्र संख्या $\dfrac{2-3i}{4-i}$, का संयुग्म है:

(a) $\dfrac{3i}{4}$ (b) $\dfrac{11+10i}{17}$

(c) $\dfrac{11-10i}{17}$ (d) $\dfrac{2+3i}{4i}$

21. सम्मिश्र संख्या $1+i$ का संयुग्म है:

(a) i (b) 1

(c) $1-i$ (d) $1+i$

22. $\left|(1+i)\dfrac{(2+i)}{(3+i)}\right|=$

(a) $-\dfrac{1}{2}$ (b) $\dfrac{1}{2}$

(c) 1 (d) -1

23. $arg(5-\sqrt{3}i)=$

(a) $\tan^{-1}\frac{5}{\sqrt{3}}$

(b) $\tan^{-1}\left(-\frac{5}{\sqrt{3}}\right)$

(c) $\tan^{-1}\frac{\sqrt{3}}{5}$

(d) $\tan^{-1}\left(-\frac{\sqrt{3}}{5}\right)$

24. सम्मिश्र संख्या $\frac{1+i}{1-i}$ के कोंणांक और मापांक क्रमशः है

(a) $\frac{-\pi}{2}$ और 1

(b) $\frac{\pi}{2}$ और $\sqrt{2}$

(c) 0 और $\sqrt{2}$

(d) $\frac{\pi}{2}$ और 1

25. $arg\left(\frac{3+i}{2-i}+\frac{3-i}{2+i}\right)$ के बराबर है।

(a) $\frac{\pi}{2}$

(b) $-\frac{\pi}{2}$

(c) 0

(d) $\frac{\pi}{4}$

26. यदि $x+iy=\sqrt{\frac{a+ib}{c+id}}$, तब

(a) $\frac{a^2+b^2}{c^2+d^2}$

(b) $\frac{a+b}{c+d}$

(c) $\frac{c^2+d^2}{a^2+b^2}$

(d) $\left(\frac{a^2+b^2}{c^2+d^2}\right)^2$

27. समीकरण $|1-i|^x=2^x$ के अशून्य पूर्णांकिय हलो की संख्या है।

(a) अनंत

(b) 1

(c) 2

(d) इनमें से कोई नहीं

28. $\sqrt{i}=$

(a) $\frac{1\pm i}{\sqrt{2}}$

(b) $\pm\frac{1-i}{\sqrt{2}}$

(c) $\pm\frac{1+i}{\sqrt{2}}$

(d) इनमें से कोई नहीं

29. $\left(\frac{\cos\theta+i\sin\theta}{\sin\theta+i\cos\theta}\right)^4$ के बराबर है

(a) $\sin 8\theta - i\cos 8\theta$

(b) $\cos 8\theta - i\sin 8\theta$

(c) $\sin 8\theta + i\cos 8\theta$

(d) $\cos 8\theta + i\sin 8\theta$

30. $(-\sqrt{3}+i)^{53}$ जहां $i^2=-1$ के बराबर है

(a) $2^{53}(\sqrt{3}+2i)$

(b) $2^{52}(\sqrt{3}-i)$

(c) $2^{53}\left(\frac{\sqrt{3}}{2}+\frac{1}{2}i\right)$

(d) $2^{53}(\sqrt{3}-i)$

बहुविकल्पीय प्रश्नों के उत्तर

1(b), 2(c), 3(b), 4(b), 5(d), 6(c), 7(d), 8(d), 9(a), 10(c), 11(b), 12(a), 13(a), 14(c), 15(a), 16(a), 17(c), 18(a), 19(c), 20(b), 21(c), 22(c), 23(d), 24(d), 25(c), 26(a), 27(d), 28(c), 29(d), 30(c)

लघु और दीर्घ उत्तरीय प्रश्न

प्र.1. वास्तविक और काल्पनिक भाग ज्ञात कीजिए।

(i) $\sqrt{-16}+\sqrt{-3}$ (ii) $\frac{3}{2}i-\frac{1}{\sqrt{2}}$ (iii) $2+i-\sqrt{3}i$

प्र.2. संकेतित संक्रियाओं के अनुसार हल कीजिए, और उत्तर को $x+iy$ के रूप में लिखें जहाँ $x, y \in R$.

(i) $(3+2i)^3$

(ii) $(\sqrt{2}+3i)(\sqrt{2}-3i)^2+(3+2i)$

(iii) $\frac{(2+3i)(1-i)}{(1+2i)(2+i)}$

(iv) $\left(\frac{i}{3}+2\right)^2$

(v) $(\sqrt{6}+3i)(\sqrt{6}-2i)\left(\frac{1}{\sqrt{6}}+i\sqrt{6}\right)$

(vi) $\frac{(1-i)}{(1+i)^2}$

प्र.3. निम्नलिखित का मापांक (परिमाण) ज्ञात कीजिए।

(i) $-2+i\sqrt{5}$ (ii) $\frac{1}{2}+3i$ (iii) $(1+i)(17+7i)$

प्र.4. निम्नलिखित का सम्मिश्र संयुग्म ज्ञात कीजिए।

(i) $\frac{(2-3i)(6-i)}{(1-i)}$ (ii) $\frac{-3+2i}{1-i}$ (iii) $\frac{2-\sqrt{-25}}{1-\sqrt{-16}}$

प्र.5. गुणनात्मक प्रतिलोम ज्ञात कीजिए।

(i) $(1-3i)^2$ (ii) $\frac{4+3i}{5-3i}$ (iii) $\sqrt{5}+3i$

प्र.6. निम्नलिखित का कोणांक (आयाम) ज्ञात कीजिए।

(i) $2+i$ (ii) $3i$ (iii) $\sqrt{3}+i$

प्र.7. सम्मिश्र संख्या के कार्तीय रूप को ध्रुवीय रूप में बदलिए।

(i) i (ii) $-1+i$ (iii) $2\sqrt{3}-2i$

प्र.8. सम्मिश्र संख्या Z_1 और Z_2 के लिए, सिद्ध कीजिए।

(i) $\text{Re}(z_1 + z_2) = \text{Re}(z_1) + \text{Re}(z_2)$

(ii) $\text{Im}(z_1 \cdot z_2) = \text{Re}(z_1)\text{Im}(z_2) + \text{Im}(z_1)\text{Re}(z_2)$

(iii) $(z_1 + z_2)^2 = (z_1)^2 + 2z_1z_2 + (z_2)^2$

प्र.9. $z_1 = 2 + 3i$ और $z_2 = 5 + 12i$ के लिए, सत्यापित कीजिए: $\left|\frac{z_1}{z_2}\right| = \frac{|z_1|}{|z_2|}$

प्र.10. यदि $1 + i4\sqrt{3} = (b + ai)^2$ तो, सिद्ध कीजिए $b^2 - a^2 = 1$ और $ab = 2\sqrt{3}$.

प्र.11. सिद्ध कीजिए, यदि $z, |z| = 1$ सहित एक सम्मिश्र संख्या है, तो $\frac{z-1}{z+1}$ या तो शून्य या विशुद्ध काल्पनिक होगा।

प्र.12. किसी सम्मिश्र संख्या z के लिए सिद्ध कीजिए, $\arg \bar{z} = 2\pi - \arg z, z \neq 0$.

प्र.13. डी-मॉयवर प्रमेय का उपयोग करके निम्नलिखित को सरल कीजिए।

(i) $\dfrac{(\cos\theta + i\sin\theta)^6 (\cos 5\theta + i\sin 5\theta)}{(\cos 4\theta + i\sin 4\theta)^2}$

(ii) $\dfrac{(\cos 4\theta + i\sin 4\theta)^2 (\cos 3\theta - i\sin 3\theta)^3}{(\cos 2\theta - i\sin 2\theta)^3 (\cos 5\theta + i\sin 5\theta)}$

प्र.14. सिद्ध कीजिए कि: $(1 + i)^n + (1 - i)^n = 2^{\frac{n}{2}+1} \cos\left(\frac{n\pi}{4}\right), n > 0$.

प्र.15. सिद्ध कीजिए कि: $(1 + \cos\theta + i\sin\theta)^n = 2n\cos^n\left(\frac{\theta}{2}\right)\left[\cos\left(\frac{n\theta}{2}\right) + i\sin\left(\frac{n\theta}{2}\right)\right], n > 0$

प्र.16. सिद्ध कीजिए कि: $\dfrac{1 - \cos\theta + i\sin\theta}{1 + \cos\theta + i\sin\theta} = ie^{-i\theta}\tan\left(\frac{\theta}{2}\right)$

प्र.17. आंशिक भिन्न में विभक्त कीजिए: $\dfrac{x-1}{(x+1)(x-2)}$

प्र.18. आंशिक भिन्न में विभक्त कीजिए: $\dfrac{2x-1}{(x-1)(x+2)(x-3)}$

प्र.19. आंशिक भिन्न में विभक्त कीजिए: $\dfrac{3x+2}{(x-1)(x-2)(x-3)}$

प्र.20. आंशिक भिन्न में विभक्त कीजिए: $\dfrac{x^3 - 6x^2 + 10x - 2}{x^2 - 5x + 6}$

प्र.21. आंशिक भिन्न में विभक्त कीजिए: $\dfrac{3x+1}{(x-2)^2(x+2)}$

प्र.22. आंशिक भिन्न में विभक्त कीजिए: $\dfrac{x^2+1}{(x-1)^2(x+3)}$

प्र.23. आंशिक भिन्न में विभक्त कीजिए: $\dfrac{2x-3}{(x-1)^2(x+1)(x+2)}$

प्र.24. आंशिक भिन्न में विभक्त कीजिए: $\dfrac{2x-1}{(x+1)(x^2+2)}$

प्र.25. आंशिक भिन्न में विभक्त कीजिए: $\dfrac{8}{(x+2)(x^2+4)}$

प्र.26. आंशिक भिन्न में विभक्त कीजिए: $\dfrac{x}{(x-1)(x^2+4)}$

प्र.27. आंशिक भिन्न में विभक्त कीजिए: $\dfrac{x^2+3x+1}{(x^2+1)(x^2+2)}$

लघु और दीर्घ उत्तरीय प्रश्नों के उत्तर

1. (i) $\text{Re}(z)=0$ *and* $\text{Im}(z)=4+\sqrt{3}$ (ii) $\text{Re}(z)=\frac{-1}{\sqrt{2}}$ and $\text{Im}(z)=\frac{3}{2}$

(iii) $\text{Re}(z)=2$ and $\text{Im}(z)=1-\sqrt{3}$

2. (i) $-9+46i$ (ii) $\left(11\sqrt{2}+3\right)-31i$ (iii) $\frac{1}{5}-i$

(iv) $\frac{35}{9}+\frac{4}{3}i$ (v) $-6+i$ (vi) $-\frac{1}{2}-\frac{1}{2}i$

3. (i) 3 (ii) $\frac{\sqrt{37}}{2}$ (iii) 26

4. (i) $-\frac{11}{\sqrt{2}}+\frac{11}{\sqrt{2}}i$ (ii) $-\frac{5}{2}-\frac{1}{2}i$ (iii) $\frac{22}{17}-\frac{3}{17}i$

5. (i) $\frac{-2}{25}+\frac{3}{50}i$ (ii) $\frac{11}{25}-\frac{27}{25}i$ (iii) $\frac{\sqrt{5}}{14}-\frac{3}{14}i$

6. (i) $\tan^{-1}\left(\frac{1}{2}\right)$ (ii) $\frac{\pi}{2}$ (iii) $\frac{\pi}{6}$

7. (i) $\left(\cos\frac{\pi}{2}+i\sin\frac{\pi}{2}\right)$ (ii) $\sqrt{2}\left(\cos\frac{3\pi}{4}+i\sin\frac{3\pi}{4}\right)$ (iii) $4\left(\cos\frac{11\pi}{6}+i\sin\frac{11\pi}{6}\right)$

10. सत्य

13. (i) $\cos 3\theta+i\sin 3\theta$ (ii) 1

17. $\frac{2}{3(x+1)}+\frac{1}{3(x-2)}$

18. $-\frac{1}{6(x-1)}-\frac{1}{3(x+2)}+\frac{1}{2(x-3)}$

19. $\frac{5}{2(x-1)}-\frac{8}{x-2}+\frac{11}{2(x-3)}$

20. $(x-1)-\frac{2}{x-2}+\frac{1}{x-3}$

21. $\frac{5}{16(x-2)}+\frac{7}{4(x-2)^2}-\frac{5}{16(x+2)}$

22. $\frac{3}{8(x-1)}+\frac{1}{2(x-1)^2}+\frac{5}{8(x+3)}$

23. $\frac{17}{36(x-1)}-\frac{1}{6(x-1)^2}-\frac{5}{4(x+1)}+\frac{7}{9(x+2)}$

24. $-\frac{1}{x+1}+\frac{x+1}{x^2+2}$

25. $\frac{1}{x+2}+\frac{-x+2}{x^2+4}$

26. $\frac{1}{5(x-1)}+\frac{-x+4}{5(x^2+4)}$

27. $\frac{3x}{(x^2+1)}+\frac{-3x+1}{(x^2+2)}$

अधिक जानिए

- सम्मिश्र संख्याओं का अध्ययन क्यों?
- हमारे दैनिक जीवन में सम्मिश्र संख्याओं और आंशिक भिन्नों का उपयोग किस प्रकार किया जाता है?
- वास्तविक संख्याओं के समुच्चय का विस्तार करने की आवश्यकता महसूस होना।
- सम्मिश्र तल और रीमैन स्फीयर की धारणाओं को अपनाना।
- दैनिक जीवन में गणितीय सोच क्यों मूल्यवान है?
- ऑनलाइन शिक्षण में शिफ्ट।
- सम्मिश्र संख्याएँ और उनके गुणधर्म सीखने का सबसे सरल तरीका।
- सम्मिश्र चर के सिद्धांत का आविष्कार क्यों किया गया?
- सम्मिश्र विश्लेषण को सहजता से सीखना।
- गणना को कम जटिल बनाना।
- शिक्षकों के लिए ऑनलाइन शिक्षा उपकरण।
- आलोचनात्मक सोच सिखाना।
- STEM शिक्षा।

लघु परियोजना

(i) सम्मिश्र संख्याओं की अवधारणा के आधार पर एक अतुच्छ गणितीय विषय की परिपक्व मौखिक प्रस्तुति तैयार करना।

(ii) कथन "लोगों ने सम्मिश्र संख्याओं को अवास्तविक, कल्पना के रूप में सोचा" पर विवरण तैयार करना।

जिज्ञासा और उत्सुकता विषयक

(i) वास्तविक जीवन की राशियाँ, वास्तविक संख्याओं के बजाय समिश्र संख्याओं द्वारा स्वाभाविक रूप से कैसे वर्णित कि जा सकती है?

(ii) यदि हम ऋणात्मक संख्याओं का वर्गमूल ज्ञात करने का प्रयास करें तो क्या होगा?

(iii) यदि वास्तविक संख्याओं को एक नई संख्या प्रणाली में विस्तारित किया जाता है, तो क्या यह आवश्यक रूप से समिश्र संख्याएं हैं?

(iv) किसी विशिष्ट कार्य में ऋणात्मक संख्याओं के वर्गमूल का उपयोग कैसे और क्यों किया जाता है?

(v) ज्यामिति और काल्पनिक संख्याओं के बीच किस प्रकार का संबंध बनाया जा सकता है?

(vi) क्या इलेक्ट्रॉनिक परिपथ में एक घटक को एक समिश्र संख्या द्वारा मापा जा सकता है?

उपरोक्त प्रश्नों के अलावा, समिश्र संख्याओं की अवधारणा का उपयोग ज्यामिति, बीजगणितीय संख्या सिद्धांत, विश्लेषणात्मक संख्या सिद्धांत, अनुचित समाकलन, गतिशील समीकरण, अनुप्रयुक्त गणित और भौतिकी के लिए किया जाता है।

संदर्भ एवं अध्ययन हेतु सुझाव

1. E. Krezig, *Advanced Engineering Mathematics*, 10th Edition, Wiley, 2015.
2. H. K. Das, *Advanced Engineering Mathematics*, S. Chand & Co, New Delhi, 2007.
3. B. S. Grewal, *Higher Engineering Mathematics*, Khanna Publication, New Delhi ,2015.
4. S. S. Sastry, *Engineering Mathematics*, Volume 1, PHI Learning, New Delhi, 2009.
5. Alan Jeffrey, *Advanced Engineering Mathematics*, Harcourt/Academic Press, 2002, USA.
6. M.P. Trivedi and P.Y. Trivedi, *Consider Dimension and Replace Pi*, Notion Press, 2018.
7. www.scilab.org/ -SCI Lab
8. https://grafeq.en.downloadastro.com/- Graph Eq^n 2.13
9. https://www.geogebra.org- Geo Gebra
10. http://www.ebookpdf.net/_engineering-application-of-complex-number-(pdf)_ebook_.html.
11. https://issuu.com/harrowhongkong/docs/final_scientific_harrovian_issue_vi-i/s/11488755
12. https://math.microsoft.com
13. http://euclideanspace.com
14. https://www.youtube.com/watch?v=f079K1f2WQk
15. Ball, W.W. Rouse. A Short Account of the History of Mathematics. London: Sterling Publications, 2002.
16. Bittinger, Marvin L., and David Ellenbogen. Intermediate Algebra: Concepts and Applications. 6th ed. Reading, MA: Addison-Wesley Publishing, 2001.

5 क्रमचय और संचय, द्विपद प्रमेय

यूनिट विशिष्ट

इस इकाई में निम्नलिखित विषयों पर विस्तार से चर्चा की गई है:

- क्रमचय और संचय
- ${}^nP_r$ और ${}^nC_r$ का मान
- धनात्मक पूर्णांक घातांक के लिए द्विपद प्रमेय (बिना प्रमाण के)
- किसी भी घातांक के लिए द्विपद प्रमेय (बिना प्रमाण के विस्तार)
- इंजीनियरिंग समस्याओं के लिए अनुप्रयोगों के साथ पहला और दूसरा द्विपद सन्निकटन।

आगे जिज्ञासा और रचनात्मकता पैदा करने के साथ-साथ समस्या समाधान क्षमता में सुधार के लिए अनुप्रयोग-आधारित समस्याओं पर चर्चा की गई है।

बड़ी संख्या में बहुविकल्पीय प्रश्नों के साथ-साथ ब्लूम के वर्गीकरण के निम्न और उच्च क्रम के अनुसार दो श्रेणियों में चिह्नित लघु और दीर्घ उत्तर प्रकार के प्रश्न, कई संख्यात्मक समस्याओं के माध्यम से अभ्यास सामग्री, संदर्भों की एक सूची और अध्ययन सामग्री इकाई में सुझाई गई हैं, जिससे उनके माध्यम से अभ्यास किया जा सके।

सामग्री के आधार पर 'अधिक जानिए' खंड जोड़ा गया है। इस खंड को सोच समझकर बनाया गया है ताकि इस भाग में दी गई पूरक जानकारी पुस्तक के उपयोगकर्ताओं के लिए फायदेमंद हो। यह खंड मुख्य रूप से कुछ दिलचस्प तथ्यों से संबंधित शिक्षण और सीखने, क्रमचय और संचय का अध्ययन क्यों करते हैं, इसके बारे में तथ्य, कैसे द्विपद प्रमेय और उसके गुणांक हमारे दैनिक जीवन में उपयोग किए जाते हैं, प्रतिरूप और संबंध को न्यायसंगत और व्यापीकरण करके गणितीय तर्क का उपयोग करना, और समकालीन अ-गणितीय घटनाओं के साथ ऐतिहासिक संदर्भ में गणित का विकास, गणित पर आधारित समस्याओं का उपयोग अपरिचित सन्दर्भ में कैसे किया जा सकता है, क्रमचय और संचय और इनके बीजगणित सीखनें का सबसे सरल तरीका, द्विपद प्रमेय का सिद्धांत और उसके गुणांक का आविष्कार क्यों किया, क्रमचयों और संचयों को सहज रूप से सीखना आदि पर प्रकाश डालता है।

दूसरी ओर, सुझाई गई सूक्ष्म परियोजनाएँ और बुद्धिशीलता के लिए प्रश्न, इकाई में शामिल विषयों के लिए जिज्ञासा और उत्सुकता पैदा करते हैं।

भूमिका

संचय सिद्धांत, गणित की एक अग्रणी शाखा है, जिसके व्यापक अनुप्रयोग संचय अनुक्रम के विभिन्न क्षेत्रो में हैं, जैसे क्रमचय और संचय का अध्ययन व्यापक रूप से मौलिक प्रकृति और व्यावहारिक अनुप्रयोगों में महत्व के कारण किया गया है। क्रमचय और संचय हर समय चलन में आते हैं जब हम वास्तविक दुनिया में चीजों के बारे में सोच रहे होते हैं। क्रमचय गणित के माध्यम से दुनिया में चीजों को देखने का एक अलग तरीका है। प्रायिकता में क्रमचय और

संचय दो सबसे मौलिक विषय हैं। ये सांख्यिकी में बहुत मूल्यवान हैं, और इसलिए गणित के सभी भागों के साथ-साथ वास्तविक जीवन में भी विद्यार्थीयों द्वारा सीखी जाने वाली एक महत्वपूर्ण अवधारणा बन गई है। हमारे आस-पास की दुनिया को समझने के लिए क्रमचय और संचय का अध्ययन आवश्यक है, क्योंकि ये दो विधियां हमें किसी भी संभावना को नजरअंदाज किए बिना बेहतर विकल्प तैयार करने में मदद करती हैं। क्रमचय द्वारा आप उन अवयवों की सूची पर ध्यान केंद्रित करते हैं, जहां उनका क्रम मायने रखता है। दूसरी ओर संचय द्वारा अवयवों के समूहों पर ध्यान केंद्रित किया जाता है, जहां क्रम मायने नहीं रखता।

द्विपद प्रमेय के उपयोग और समझ आने में आसानी के कारण इसके कई अनुप्रयोग हैं, चाहे वह अर्थव्यवस्था में भविष्यवाणियां करने के लिए हो या मौसम के पूर्वानुमान के लिए । इसके उपयोग की विस्तृत श्रृंखला इस बात की वकालत करती है कि उच्च गणित या भौतिकी सीखने के लिए इस प्रमेय का उचित ज्ञान आवश्यक है।

पूर्व अपेक्षित ज्ञान

- बीजीय व्यंजकों को सरल बनाने के लिए बुनियादी कौशल
- कोष्ठको का प्रसार करना
- रैखिक और द्विघात व्यंजकों का गुणनखंडन करना
- बहुपदों को हल करने का कौशल
- बीजीय तकनीकों से परिचय
- प्रतिस्थापन

यूनिट आउटकम्स (UOs)

U5-O1 : 'n' वस्तुओं में से एक बार में 'r' वस्तुओ को लेकर बनने वाले क्रमचयों और संचयों की संख्या की गणना करना।

U5-O2 : गिनती करने की समस्याओं को हल करने के लिए क्रमचयों और संचयों के सिद्धांत को प्रयुक्त करना।

U5-O3 : सूत्र द्वारा द्विपद गुणांकों की गणना करना।

U5-O4 : द्विपद प्रमेय का उपयोग द्विपद व्यंजकों का विस्तार करने के लिए करना, जिन्हें धनात्मक पूर्णांक घातों तक बढ़ाया जाता हैं।

U5-O5 : सन्निकटन (अप्रोक्सिमेशन) ज्ञात करने के लिए द्विपद प्रमेय का प्रयोग करना।

कोर्स आउटकम्स (COs) के साथ यूनिट आउटकम्स (UOs) का परस्पर संबंध:

यूनिट आउटकम्स	कोर्स आउटकम्स (COs) के साथ अपेक्षित संबंध *(1. कमजोर सहसंबंध; 2. मध्यम सहसंबंध; 3. मजबूत सहसंबंध)*						
	CO-1	CO-2	CO-3	CO-4	CO-5	CO-6	CO-7
U5-O1	-	-	-	-	2	1	3
U5-O2	-	-	-	1	2	1	3
U5-O3	-	-	-	-	1	-	3
U5-O4	-	-	-	1	2	1	3
U5-O5	-	-	-	1	2	1	3

5.1 गणना का आधारभुत सिद्धांत

5.1.1 गुणन का सिद्धांत

आइए निम्नलिखित समस्या पर विचार करें।

मोहन के पास 3 पैंट और 2 कमीज हैं। एक पैंट और एक कमीज के कितने अलग-अलग जोड़े के साथ वह तैयार हो सकता है? पैंट चुनने के 3 तरीके हैं, क्योंकि 3 पैंट उपलब्ध हैं। इसी तरह एक कमीज को 2 तरह से चुना जा सकता है। पैंट की हर पसंद के लिए कमीज के 2 विकल्प हैं। इसलिए, एक पैंट और एक कमीज के $3 \times 2 = 6$ जोड़े बनते हैं। आइए तीन पैंटों को P_1, P_2, P_3 और दो कमीज को S_1, S_2 नाम दें। तब, इन छह संभावनाओं को निम्न प्रकार से चित्रित किया जा सकता है।

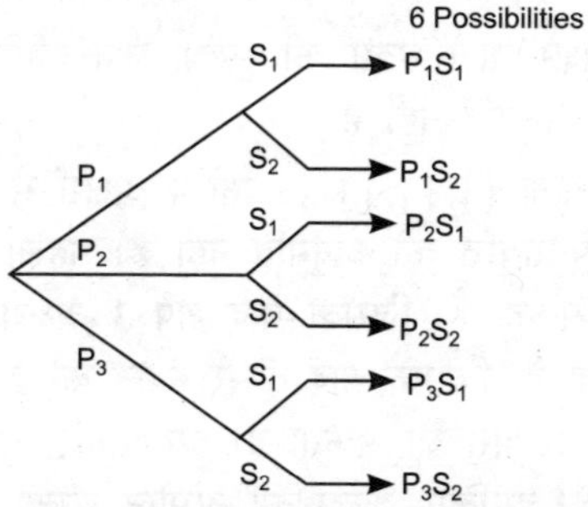

चित्र 5.1: गुणन दर्शाने की संभावना-1

आइए हम इसी प्रकार की एक अन्य समस्या पर विचार करें। शबनम के पास 2 स्कूल बैग, 3 टिफिन बॉक्स और 2 पानी की बोतलें हैं। वह इन वस्तुओं को कितने तरीकों से ले जा सकती है (प्रत्येक में से एक को चुनकर)।

एक स्कूल बैग को 2 अलग-अलग तरीकों से चुना जा सकता है। एक स्कूल बैग चुनने के बाद, एक टिफिन बॉक्स को 3 अलग-अलग तरीकों से चुना जा सकता है। इसलिए, स्कूल बैग और टिफिन बॉक्स के $2 \times 3 = 6$ जोड़े बनते हैं। इनमें से प्रत्येक जोड़े के लिए 2 अलग-अलग तरीकों से पानी की बोतल चुनी जा सकती है। इसलिए, $6 \times 2 = 12$ अलग-अलग तरीके हैं, जिनसे शबनम इन वस्तुओं को स्कूल ले जा सकती है । यदि हम 2 स्कूल बैगों को B_1, B_2, तीन टिफिन बॉक्सों को T_1, T_2, T_3 और दो पानी की बोतलों को W_1, W_2 नाम दें, तो इन संभावनाओं को निम्नानुसार चित्रित किया जा सकता है।

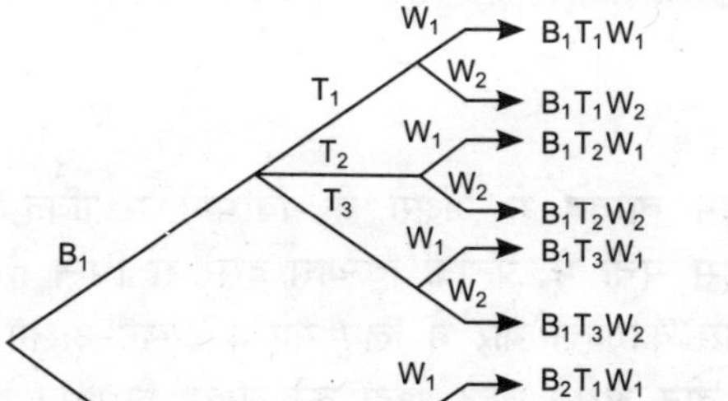

चित्र 5.2: गुणन दर्शाने की संभावना-2

वास्तव में, उपरोक्त प्रकार की समस्याओं को निम्नलिखित सिद्धांत को लागू करके हल किया जाता है, जिसे गणना का आधारभुत सिद्धांत या सरल रूप में गुणन सिद्धांत के नाम से जाना जाता है, जो बताता है कि

"यदि कोई घटना m अलग-अलग तरीकों से घटित हो सकती है, जिसके बाद दूसरी घटना n अलग-अलग तरीकों से घटित हो सकती है, तो दिए गए क्रम में घटनाओं के घटने की कुल संख्या $m \times n$ होगी।"

5.1.2 योग का सिद्धांत

पहले उदाहरण में पहली घटना शर्ट चुनने की है, इसलिए इसे या तो शर्ट S_1 या S_2 या S_3 के रूप में चुना जा सकता है, यहाँ तरीकों की संख्या $1 + 1 + 1 = 3$ है, इसलिए यहाँ योग का सिद्धांत लागू किया गया है। शर्ट पहनने के बजाय मान लीजिए मोहन के पास 5 टी-शर्ट भी है, तो शर्ट या टी-शर्ट पहनने के तरीकों की कुल संख्या $3 + 5 = 8$ होगी।

उदाहरण 1: अर्थपूर्ण या अर्थहीन 4 अक्षर वाले शब्दों की संख्या ज्ञात कीजिए, जो ROSE शब्द के अक्षरों से बन सकते हैं, जहाँ अक्षरों की पुनरावृत्ति की अनुमति नहीं है।

हल: रचित शब्दों की संख्या, 4 रिक्त स्थानों $\{\}, \{\}, \{\}, \{\}$ को 4 अक्षरों से उत्तरोत्तर भरने के तरीकों की संख्या के बराबर है, यह ध्यान में रखते हुए कि पुनरावृत्ति की अनुमति नहीं है। पहला स्थान 4 अक्षर R, O, S, E में से कोई भी 4 अलग-अलग तरीकों से भरा जा सकता है। जिसके बाद शेष 3 अक्षरों में से किसी एक द्वारा दूसरे स्थान को 3 अलग-अलग तरीकों से भरा जा सकता है, जिसके बाद तीसरे स्थान को 2 अलग-अलग तरीकों से भरा जा सकता है; जिसके बाद चौथे स्थान को 1 तरह से भरा जा सकता है। इस प्रकार, गुणन सिद्धांत द्वारा 4 स्थानों को भरने के तरीकों की संख्या $4 \times 3 \times 2 \times 1 = 24$ है। इसलिए, शब्दों की अभीष्ट संख्या 24 है।

टिप्पणी: यदि अक्षरों की पुनरावृत्ति की अनुमति है, तो कितने शब्द बन सकते हैं? कोई भी आसानी से समझ सकता है कि 4 रिक्त स्थानों में से प्रत्येक को 4 अलग-अलग तरीकों से क्रमिक रूप से भरा जा सकता है। अत: शब्दों की अभीष्ट संख्या $= 4 \times 4 \times 4 \times 4 = 256$.

उदाहरण: 2 अंक 1, 2, 3, 4, 5 से कितनी 2 अंको वाली सम संख्याएँ बनाई जा सकती हैं, यदि अंकों की पुनरावृत्ति की जा सकती है?

हल: संख्याओं को बनाने के तरीके, 2 रिक्त स्थानों को दिए गए पांच अंकों से क्रमानुसार भरने के तरीको की संख्या के बराबर होंगे। यहाँ, इस स्थिति में, हम इकाई के स्थान को भरना शुरू करते हैं, क्योंकि इस स्थान के लिए विकल्प केवल 2 और 4 हैं और इसे 2 तरीकों से किया जा सकता है, जिसके बाद दहाई के स्थान को 5 अंकों में से किसी एक द्वारा 5 अलग-अलग तरीकों से भरा जा सकता है क्योंकि अंकों को दोहराया जा सकता है। अत: गुणन सिद्धांत के अनुसार दो अंकों वाली सम संख्याओं की अभीष्ट संख्या 2×5 अर्थात् 10 है।

5.2 क्रमचय

पिछले खंड के उदाहरण 1 में, हम वास्तव में अक्षरों के विभिन्न संभावित विन्यास जैसे ROSE, REOS, ..., आदि की गणना कर रहे हैं। यहाँ, इस सूची में, प्रत्येक विन्यास दूसरे से भिन्न है। दूसरे शब्दों में, अक्षरों को लिखने का क्रम महत्वपूर्ण है। प्रत्येक विन्यास को एक बार में लिए गए 4 अलग-अलग अक्षरों का क्रमचय कहा जाता है। अब, यदि हमें अर्थपूर्ण या अर्थहीन तीन अक्षरों वाले शब्दों की संख्या निर्धारित करनी है, जो शब्द NUMBER के अक्षरों से बनाए जा सकते हैं, जहां अक्षरों की पुनरावृत्ति की अनुमति नहीं है, तो हमे विभिन्न विन्यासों NUM, NMU, MUN, NUB, ..., आदि की गणना करने की आवश्यकता होती है। यहां, हम 6 अलग-अलग अक्षरों में से एक बार में 3 को लेकर बनाए गए क्रमचयों की गणना कर रहे हैं। अभीष्ट शब्दों की संख्या $= 6 \times 5 \times 4 = 120$ (गुणन सिद्धांत का उपयोग करके)।

यदि अक्षरों की पुनरावृत्ति की अनुमति दी जाती है, तो शब्दों की अभीष्ट संख्या $6 \times 6 \times 6 = 216$ होगी।

5.2.1 क्रमचय जब सभी वस्तुएँ भिन्न होती हैं

n विभिन्न वस्तुओं में से एक समय में r वस्तुओ को लेकर बनाए क्रमचयो की संख्या को प्रतीक ^nP_r द्वारा निरूपित किया जाता है, जहाँ $0 < r \leq n$ तथा वस्तुओ की पुनरावृत्ति की अनुमति नहीं है। तब

$$^nP_r = n(n-1)(n-2) \ldots (n-r+1)$$

^nP_r के लिए यह व्यंजक जटिल है और हमें एक संकेतन की आवश्यकता होती है, जो इस व्यंजक के आकार को कम करने में मदद करता है। इसमें प्रतीक $n!$ (जिसे क्रमगुणित n पढ़ते है) हमारी सहायता करता है। निम्नलिखित विवरण में हम सीखेंगे कि वास्तव में $n!$ का क्या अर्थ है?

5.2.2 क्रमगुणित संकेतन

संकेतन $n!$, पहली n प्राकृत संख्याओं के गुणनफल को व्यक्त करता है, अर्थात गुणनफल $1 \times 2 \times 3 \times \ldots \times (n-1) \times n$ को $n!$ के रूप में दर्शाया जाता है। हम इस प्रतीक को क्रमगुणित n (n factorial) पढ़ते हैं।

तदनुसार, $1 \times 2 \times 3 \times 4 \ldots \times (n-1) \times n = n!$

$$1 = 1!$$
$$1 \times 2 = 2!$$
$$1 \times 2 \times 3 = 3!$$
$$1 \times 2 \times 3 \times 4 = 4! \text{ इत्यादि।}$$

हम परिभाषित करते है $\quad 0! = 1$

हम लिख सकते है $\quad 5! = 5 \times 4! = 5 \times 4 \times 3! = 5 \times 4 \times 3 \times 2! = 5 \times 4 \times 3 \times 2 \times 1!$

स्पष्ट रूप से, एक प्राकृतिक संख्या n के लिए

$$n! = n(n-1)!$$
$$= n(n-1)(n-2)! \text{ [यदि } (n \geq 2)]$$
$$= n(n-1)(n-2)(n-3)! \text{ [यदि } (n \geq 3)] \text{ इत्यादि।}$$

उदाहरण 3: मान ज्ञात कीजिए :

(i) $5!$ (ii) $7!$ (iii) $7! - 5!$

हल: (i) $5! = 1 \times 2 \times 3 \times 4 \times 5 = 120$

(ii) $7! = 1 \times 2 \times 3 \times 4 \times 5 \times 6 \times 7 = 5040$

(iii) $7! - 5! = 5040 - 120 = 4920$

उदाहरण 4: निम्नलिखित का मान ज्ञात कीजिए।

(i) $^5P_2$ (ii) $^4P_4$ (iii) $P(6, 0)$

हल: (i) $^5P_2 = \frac{5!}{(5-2)!} = \frac{5!}{3!} = \frac{5 \times 4 \times 3!}{3!} = 20$

(ii) $^5P_2 = \frac{4!}{(4-4)!} = \frac{4!}{0!} = 4! = 24 \quad \{\because 0! = 1$

(iii) $P(6, 0) = \frac{6!}{(4-0)!} = \frac{6!}{6!} = 1$

उदाहरण 5: यदि $\frac{1}{8!}+\frac{1}{9!}=\frac{x}{10!}$, तो x ज्ञात कीजिए।

हलः हमारे पास है: $\frac{1}{8!}+\frac{1}{9\times 8!}=\frac{x}{10\times 9\times 8!}$

$$\Rightarrow \quad 1+\frac{1}{9}=\frac{x}{10\times 9} \text{ या } \frac{10}{9}=\frac{x}{90}, \text{ इसलिए } x=100$$

उदाहरण 6: सिद्ध कीजिए कि : $(n-1)!+(n+1)!=(n^2+n+1)(n-1)!$

हलः बायाँ पक्ष $=(n-1)!+(n+1)!=(n-1)!+(n+1)(n)(n-1)!$

$=(1+n^2+n)(n-1)! =$ दायाँ पक्ष

उदाहरण 7: सिद्ध कीजिए कि : $2.4.6\ldots(2n-n)=\frac{2n!}{n}$

हलः बायाँ पक्ष $=2.4.6\ldots(2n-2)=2[1.2.3\ldots(n-1)]$

$=2(n-1)!=2(n-1)!.\ \frac{n}{n}=\frac{2n!}{n}=$ दायाँ पक्ष

उदाहरण 8: सिद्ध कीजिए कि : $\frac{n!}{r!(n-r)!}+\frac{n!}{(r-1)!(n-r+1)!}=\frac{(n+1)!}{r!(n-r+1)!}$

हलः बायाँ पक्ष $=\frac{n!}{r!(n-r)!}+\frac{n!}{(r-1)!(n-r+1)!}$

$$=\frac{n!}{r!(n-r)!}\cdot\frac{(n-r+1)}{(n-r+1)}+\frac{n!}{(r-1)!(n-r+1)!}\cdot\frac{r}{r}$$

$$=\frac{(n-r+1)n!}{(r!)(n-r+1)!}+\frac{r(n!)}{(r!)(n-r+1)!}$$

$$=\frac{(n-r+1+r)(n!)}{(r!)(n-r+1)!}=\frac{(n+1)(n!)}{(r!)(n-r+1)!}$$

$=\frac{(n+1)!}{(r!)(n-r+1)!}=$ दायाँ पक्ष

5.2.3 क्रमचय

स्थिति 1. n वस्तुओं में से r को एक पंक्ति में व्यवस्थित किया जाता है, ताकि विन्यासों की कुल संख्या सूत्र ${}^nP_r=P(n,r)=\frac{n!}{(n-r)!}$; $n\geq r\geq 0$ द्वारा प्राप्त की जा सके।

स्थिति 2. n विभिन्न वस्तुओं में से एक समय में r वस्तुएँ लेकर बनाये क्रमचयों की संख्या, जहाँ पुनरावृत्ति की अनुमति है, n^r है।

स्थिति 3. क्रमचय जब सभी वस्तुएं भिन्न नहीं होती हैं: मान लीजिए हमें ROOT शब्द के अक्षरों को पुनर्व्यवस्थित करने के तरीकों की संख्या ज्ञात करनी है। इस स्थिति में, शब्द के सभी अक्षर अलग अलग नहीं हैं, दो O हैं, जो

एक ही तरह के होते हैं। मान लीजिए, O_1 और O_2 अस्थायी रूप से, O के दो भिन्न मान हैं। तब 4-अलग-अलग अक्षरों के क्रमचयों की संख्या 4! है, जबकि एक बार में सभी 4 को लिया गया है। माना, इन क्रमचयों में से एक RO_1O_2T हैं। इस क्रमचय के अनुरूप, हमारे पास 2! क्रमचय, RO_1O_2T और RO_2O_1T हैं, जो की बिलकुल समान क्रमचय है, यदि O_1 और O_2 को भिन्न ना माना जाये, अर्थात O_1 और O_2 दोनों ही स्थानों पर O के समान है। इस प्रकार क्रमचयों की अभीष्ट संख्या $\frac{4!}{2!} = 4 \times 3 = 12$ होगी।

क्रमचय, जब O_1, O_2 अलग अलग है	क्रमचय, जब O_1, O_2, O के समान है
RO_1O_2T, RO_2O_1T	ROOT
TO_1O_2R, TO_2O_1R	TOOR
RO_1T_2O, RO_2T_1O	ROTO
TO_1RO_2, TO_2RO_1	TORO
RTO_1O_2, RTO_2O_1	RTOO
TRO_1O_2, TRO_2O_1	TROO
O_1O_2RT, O_2O_1TR	OORT
O_1RO_2T, O_2RO_1T	OROT
O_1TO_2R, O_2TO_1R	OTOR
O_1RTO_2, O_2RTO_1	ORTO
O_1TRO_2, O_2TRO_1	OTRO
O_1O_2TR, O_2O_1TR	OOTR

चित्र 5.3: क्रमचय का निरूपण

उदाहरण 9: यदि अंकों की पुनरावृत्ति की अनुमति नहीं है, तो अंकों 1 से 9 तक का उपयोग करके कितनी 4-अंकीय संख्याएँ बनाई जा सकती हैं?

हल: यहाँ क्रम मायने रखता है उदाहरण के लिए 1234 और 1324 दो अलग-अलग संख्याएँ हैं। इसलिए 4 अंकों की संख्या उतनी ही होगी जितनी 9 अलग-अलग अंकों में से 4 एक बार में लेकर बनाए गए क्रमचय हैं।

इस प्रकार, अभीष्ट 4-अंकीय संख्याएँ $^9P_4 = \dfrac{9!}{(9-4)!} = \dfrac{9!}{5!} = 9\times8\times7\times6 = 3024$

उदाहरण 10: 12 छात्र मध्य सेमेस्टर की परीक्षा में अलग-अलग अंकों के साथ उत्तीर्ण हुए। पहले तीन पुरस्कार कितने तरीकों से जीते जा सकते हैं?

हल: यहाँ हमारे पास 12 विद्यार्थी और 3 पुरस्कार हैं। सभी 12 छात्रों ने अलग-अलग अंक प्राप्त किए ताकि कोई भी एक से अधिक पुरस्कार न जीत सके और एक से अधिक छात्र समान पुरस्कार नहीं जीत सकें।

इस प्रकार, अभीष्ट तरीको की संख्या $= {}^{12}P_3 = \dfrac{12!}{(12-3)!} = \dfrac{12!}{9!} = 12\times11\times10 = 1320$

उदाहरण 11: भिन्न-भिन्न अंकों वाली सभी 6-अंकीय संख्याओं की संख्या ज्ञात कीजिए।

हल: हम जानते हैं कि 10 अंक होते हैं, अर्थात 0, 1, 2, 3, 4, 5, 6, 7, 8, 9.

यहां हमें 6 अंकों की संख्या बनाने के लिए इन 10 में से 6 को एक पंक्ति में व्यवस्थित करना है।

यह P(10, 6) तरीकों से किया जा सकता है, अर्थात

$$^{10}P_6 = \frac{10!}{(10-6)!} = \frac{10!}{4!} = 10\times9\times8\times7\times6\times5 = 151200$$

लेकिन वे संख्याएँ जिनके प्रथम बाँये स्थान पर 0 (शून्य) है, 6 अंकों की संख्या नहीं हैं।

इस प्रकार की संख्या P(9, 5) होती हैं।

i.e.,
$$^9P_5 = \frac{9!}{(9-5)!} = \frac{9!}{4!} = 9\times8\times7\times6\times5 = 15120$$

इसलिए अलग-अलग अंकों वाली 6-अंकीय संख्याओं की अभीष्ट संख्या = 151200 – 15120 = 136080 हैं।

स्थिति 4. n वस्तुओं के क्रमचयो की संख्या के लिए व्यापीकरण किया जा सकता है।

n वस्तुओं के क्रमचयों की संख्या $\dfrac{n!}{p_1!\,p_2!\ldots p_k!}$ हैं, जहाँ p_1 वस्तुएँ एक प्रकार की हैं, p_2 दूसरी प्रकार की हैं, ..., p_k, k वां प्रकार की हैं, और शेष (यदि कोई हो) विभिन्न प्रकार की हैं।

उदाहरण 12: ALLAHABAD शब्द के अक्षरों के क्रमचयों की संख्या ज्ञात कीजिए।

हल: यहाँ, 9 वस्तुएँ (अक्षर) हैं जिनमें से चार A हैं, दो L हैं और शेष सभी भिन्न हैं।

इसलिए, विन्यासों की अभीष्ट संख्या $= \dfrac{9!}{4!2!} = \dfrac{5\times6\times7\times8\times9}{2} = 7560$

उदाहरण 13: n का मान इस प्रकार ज्ञात कीजिए कि $^nP_5 = 42(^nP_3), n > 4$

हल: दिया है कि
$$^nP_5 = 42(^nP_3), n > 4$$

या $\quad n(n-1)(n-2)(n-3)(n-4) = 42\, n(n-1)(n-2)$

चूँकि $n > 4$ इसलिए $n(n-1)(n-2) \neq 0$.

इसलिए, दोनों पक्षों को $n(n-1)(n-2)$ से विभाजित करने पर, हम प्राप्त करते हैं

$$(n-3)(n-4) = 42$$

$$n^2 - 7n + 12 - 42 = 0$$
$$n^2 - 7n - 30 = 0$$
$$n^2 - 10n + 3n - 30 = 0$$
$$(n - 10)(n + 3) = 0$$

या $n - 10 = 0$ या $n + 3 = 0$

या $n = 10$ या $n = -3$

इसलिए $n > 4$ के लिए $n = 10$ होगा।

क्रमचय और संचय

5.3 संचय

आइए अब मान लें कि 3 लॉन टेनिस खिलाड़ियों X, Y, Z का एक समूह है। 2 खिलाड़ियों की एक टीम बनाई जानी है। हम ऐसा कितने तरीकों से कर सकते हैं? क्या X और Y की टीम Y और X की टीम से अलग है? यहां, क्रम महत्वपूर्ण नहीं है। वास्तव में, केवल 3 संभावित तरीके हैं, जिनसे टीम का निर्माण किया जा सकता है।

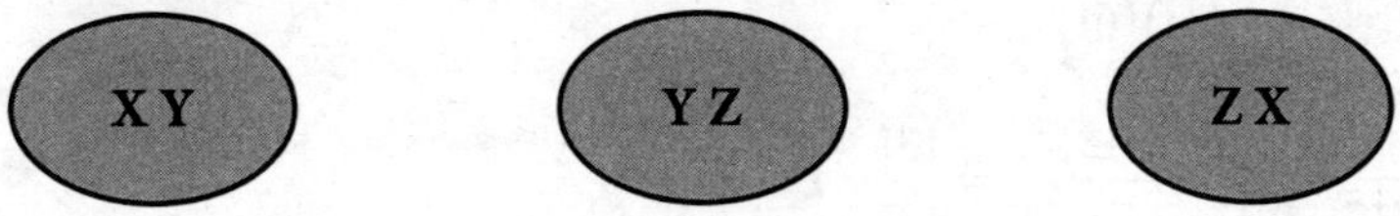

चित्र 5.4: संचय का निरूपण

ये XY, YZ और ZX हैं। यहां, प्रत्येक चयन को एक बार में 2 लेने पर 3 अलग-अलग वस्तुओं का संचय कहा जाता है। संचय में, क्रम महत्वपूर्ण नहीं है।

अब कुछ और दृष्टांतों पर विचार करें।

1. एक कमरे में बारह व्यक्ति मिलते हैं और प्रत्येक अन्य सभी से हाथ मिलाता है। हम 'हाथ मिलाने' की संख्या कैसे निर्धारित करते हैं? X से Y और Y से X का हाथ मिलाना दो अलग-अलग हाथ मिलाना नहीं होगा। यहां, क्रम महत्वपूर्ण नहीं है। 'हाथ मिलाने' की संख्या उतनी ही है, जितनी 12 विभिन्न वस्तुओं में से 2 एक समय में लेकर बनने वाले संचयो की होगी।
2. सात बिंदु एक वृत्त पर स्थित हैं। इन बिंदुओं को जोड़े में जोड़कर कितनी जीवाएँ खींची जा सकती हैं? जीवाओं की संख्या उतनी ही है, जितनी 7 विभिन्न वस्तुओं में से 2 एक समय में लेकर बनने वाले संचयो की होगी।

अब, हम n विभिन्न वस्तुओं में से एक बार में r लेने पर बनने वाले संचयो की संख्या जिसे ${}^nC_r$ से निरूपित करते है, ज्ञात करने के लिए सूत्र प्राप्त करते हैं,

$${}^nC_r = \frac{n!}{r!(n-r)!}$$

विशेष रूप से,

1. If $r = n$, ${}^nC_n = \dfrac{n!}{n!(n-n)!} = 1$
2. If $r = 0$, ${}^nC_0 = \dfrac{n!}{0!(n-0)!} = 1$
3. ${}^nC_{n-r} = {}^nC_r$ अर्थात, n वस्तुओं में से r वस्तुओं का चयन करना $(n - r)$ वस्तुओं को अस्वीकार करने के समान है।

4. यदि ${}^nC_a = {}^nC_b$ तब $a = b$ या $n = a + b$

5. ${}^nC_{r-1} + {}^nC_r = {}^{n+1}C_r$

उदाहरण 14: यदि ${}^nC_9 = {}^nC_8$ तब ${}^nC_{17}$ का मान ज्ञात कीजिए।

हल: चूंकि ${}^nC_a = {}^nC_b$ तब $a = b$ या $n = a + b$

इसलिए $\quad n = 9 + 8 = 17$

अब $\quad {}^nC_{17} = {}^{17}C_{17} = 1$

उदाहरण 15: निम्न का मान ज्ञात कीजिए।

(i) ${}^7C_3$ (ii) ${}^5C_5$ (iii) ${}^{13}C_0$

हल: (i) $${}^7C_3 = \frac{7!}{3!(7-3)!} = \frac{7!}{(3!)(4!)} = \frac{7 \times 6 \times 5 \times 4!}{(3 \times 2 \times 1)4!} = 35$$

(ii) $${}^5C_5 = \frac{5!}{5!(5-5)!} = \frac{5!}{(5!)(0!)} = \frac{5!}{5!} = 1$$

(iii) $${}^{13}C_0 = \frac{13!}{0!(13-0)!} = \frac{13!}{(0!)(13!)} = \frac{13!}{13!} = 1$$

उदाहरण 16: 2 पुरुषों और 3 महिलाओं के समूह से 3 व्यक्तियों की एक समिति गठित की जानी है। यह कितने तरीकों से किया जा सकता है? इनमें से कितनी समितियों में 1 पुरुष और 2 महिलाएं शामिल होंगी?

हल: यहाँ, क्रम कोई मायने नहीं रखता। इसलिए, हमें संचयों की गणना करने की आवश्यकता है। उतनी ही समितियाँ होंगी, जितनी 5 अलग-अलग व्यक्तियों में से एक बार में 3 व्यक्तियों को लेकर बनने वाले संचयो की संख्या हैं।

इसलिए, आवश्यक तरीकों की संख्या $= {}^5C_3 = \dfrac{5!}{3!(5-3)!} = \dfrac{5 \times 4 \times 3!}{3! \times 2 \times 1} = 10$

अब, 1 पुरुष का चयन 2 में से ${}^2C_1$ तरीको से हो सकता है, इसी प्रकार 2 महिलाओं का चयन 3 में से ${}^3C_2$ तरीको से हो सकता है। इसलिए, समितियों की आवश्यक संख्या $= {}^2C_1 \times {}^3C_2 = 6$

क्रमचय और संचय-2

5.4 द्विपद व्यंजक

एक बीजीय व्यंजक जिसमें दो पदों के बीच धनात्मक (+ve) या ऋणात्मक (–ve) चिन्ह होता है, द्विपद व्यंजक कहलाता है।

उदाहरण के लिए : $(a+b), (2x-3y), \left(\dfrac{p}{x^2} - \dfrac{q}{x^4}\right), \left(\dfrac{1}{x} + \dfrac{4}{y^3}\right)$ इत्यादि।

5.4.1 धनात्मक पूर्णांकों के लिए द्विपद प्रमेय

वह नियम जिसके द्वारा द्विपद की किसी घात का विस्तार किया जा सकता है, द्विपद प्रमेय कहलाता है।

यदि n एक धनात्मक पूर्णांक है और $x, y \in C$ तब

$$(x + y)^n = {}^nC_0 x^{n-0} y^0 + {}^nC_1 x^{n-1} y^1 + {}^nC_2 x^{n-2} y^2 + \ldots\ldots + {}^nC_r x^{n-r} y^r + \ldots\ldots + {}^nC_{n-1} x y^{n-1} + {}^nC_n x^0 y^n$$

i.e., $$(x+y)^n = \sum_{r=0}^{n} {}^nC_r.x^{n-r}.y^r \qquad ....(i)$$

यहाँ ${}^nC_0, {}^nC_1, {}^nC_2, ...{}^nC_n$ को द्विपद गुणांक कहते है और $0 \le r \le n$ के लिए ${}^nC_r = \dfrac{n!}{r!(n-r)!}$

कुछ महत्वपूर्ण प्रसार

1. समीकरण (i) में y को $-y$ से प्रतिस्थापित करने पर, हमें प्राप्त होता है,

$$(x-y)^n = {}^nC_0x^{n-0}y^0 - {}^nC_1x^{n-1}y^1 + {}^nC_2x^{n-2}y^2 - .... + (-1)^r\,{}^nC_rx^{n-r}y^r + ... + (-1)^n\,{}^nC_nx^0y^n$$

अर्थात, $(x-y)^n = \sum_{r=0}^{n} (-1)^r\,{}^nC_rx^{n-r}y^r$

$(x-y)^n$ के प्रसार में पद प्रत्यावर्ती रूप से धनात्मक और ऋणात्मक होते है, जिसमे n के सम या विषम होने के अनुसार अंतिम पद धनात्मक या ऋणात्मक होता है।

2. समीकरण (i) में x को 1 से और y को x से प्रतिस्थापित करने पर, हमें प्राप्त होता है,

$$(1+x)^n = {}^nC_0x^0 + {}^nC_1x^1 + {}^nC_2x^2 + ... + {}^nC_rx^r + ... + {}^nC_nx^n$$

अर्थात, $(1+x)^n = \sum_{r=0}^{n} {}^nC_rx^r$

यह $(1+x)^n$ का प्रसार x की आरोही घातो में है।

3. समीकरण (i) में x को 1 से और y को $-x$ से प्रतिस्थापित करने पर, हमें प्राप्त होता है,

$$(1-x)^n = {}^nC_0x^0 - {}^nC_1x^1 + {}^nC_2x^2 - .... + (-1)^r\,{}^nC_rx^r + ... + (-1)^n\,{}^nC_nx^n$$

अर्थात, $(1-x)^n = \sum_{r=0}^{n} (-1)^r\,{}^nC_rx^r$

4. $(x+y)^n + (x-y)^n = 2[{}^nC_0x^ny^0 + {}^nC_2x^{n-2}y^2 + {}^nC_4x^{n-4}y^4 + ...]$ और

$(x+y)^n - (x-y)^n = 2[{}^nC_1x^{n-1}y^1 + {}^nC_3x^{n-3}y^3 + {}^nC_5x^{n-5}y^5 + ...]$

5. $(1+x)^n$ के प्रसार में $(r+1)$ वें पद का गुणांक ${}^nC_r$ है।

6. $(1+x)^n$ के प्रसार में x^r का गुणांक ${}^nC_r$ है।

व्यापक पद

प्रसार में व्यापक पद $(r+1)$वां पद होता है, जिसे सामान्यतः T_{r+1} से निरूपित किया जाता है, और $T_{r+1} = {}^nC_rx^{n-r}y^r$

- $(x-y)^n$ के द्विपद प्रसार में $T_{r+1} = (-1)^r\,{}^nC_rx^{n-r}y^r$
- $(1+x)^n$ के द्विपद प्रसार में $T_{r+1} = {}^nC_rx^r$
- $(1-x)^n$ के द्विपद प्रसार में $T_{r+1} = (-1)^r\,{}^nC_rx^r$

5.4.2 किसी भी घातांक के लिए द्विपद प्रमेय

कथन

$$(1+x)^n = 1+nx+\frac{n(n-1)x^2}{2!}+\frac{n(n-1)(n-2)}{3!}x^3+....+\frac{n(n-1)......(n-r+1)}{r!}x^r+...\text{terms up to } \infty$$

जहाँ n एक ऋणात्मक पूर्णांक या भिन्न है, तथा $-1 < x < 1$, अन्यथा प्रसार संभव नहीं होगा।

यदि पहला पद 1 नहीं है, तो पहले पद को निम्न प्रकार से एकक बनाते है, $(x+y)^n = x^n\left[1+\frac{y}{x}\right]^n$, यदि $\left|\frac{y}{x}\right|<1$

व्यापक पद : $T_{r+1} = \frac{n(n-1)(n-2)......(n-r+1)}{r!}x^r$

कुछ महत्वपूर्ण प्रसार

1. $(1+x)^n = 1+nx+\frac{n(n-1)}{2!}x^2+.......+\frac{n(n-1)(n-2)......(n-r+1)}{r!}x^r+......$
2. $(1-x)^n = 1-nx+\frac{n(n-1)}{2!}x^2-.......+\frac{n(n-1)(n-2).....(n-r+1)}{r!}(-x)^r+.......$
3. $(1-x)^{-n} = 1+nx+\frac{n(n+1)}{2!}x^2+\frac{n(n+1)(n+2)}{3!}x^3+.....+\frac{n(n+1)......(n+r-1)}{r!}x^r+.....$
4. $(1+x)^{-n} = 1-nx+\frac{n(n+1)}{2!}x^2-\frac{n(n+1)(n+2)}{3!}x^3+.....+\frac{n(n+1)......(n+r-1)}{r!}(-x)^r+......$
5. $(1+x)^{-1} = 1-x+x^2-x^3+.......\infty$
6. $(1-x)^{-1} = 1+x+x^2+x^3+.......\infty$
7. $(1+x)^{-2} = 1-2x+3x^2-4x^3+.......\infty$
8. $(1-x)^{-2} = 1+2x+3x^2+4x^3+.......\infty$
9. $(1+x)^{-3} = 1-3x+6x^2-..............\infty$
10. $(1-x)^{-3} = 1+3x+6x^2+................\infty$

5.4.3 द्विपद प्रमेय द्वारा सन्निकटन की समस्याएं हल करना

हमारे पास है: $(1+x)^n = 1+nx+\frac{n(n-1)}{2!}x^2+.......$

यदि x, 1 की तुलना में छोटा है, तो हम पाते हैं कि x^2, x^3, x^4, ... के मान छोटे और छोटे होते जाते हैं। इसलिए उपरोक्त प्रसार के पद छोटे और छोटे होते जाते हैं। यदि x, 1 की तुलना में बहुत छोटा है, तो हम $(1 + x)^n$ के मान के पहले सन्निकटन के रूप में 1 या दूसरे सन्निकटन के रूप में $1 + nx$ ले सकते हैं।

उदाहरण 17: $\left(x^2+\frac{3}{x}\right)^4$; $x\neq 0$ का प्रसार कीजिए।

हल: हम जानते हैं कि द्विपद प्रमेय,

$$(a+b)^n = {}^nC_0(a)^n(b)^0+{}^nC_1(a)^{n-1}(b)^1+{}^nC_2(a)^{n-2}(b)^2+.........+{}^nC_n(a)^0(b)^n$$

अब हम द्विपद प्रमेय से तुलना करते हैं,

$$a = x^2, b = \frac{3}{x} \text{ और } n = 4$$

$$\left(x^2+\frac{3}{x}\right)^4 = {}^4C_0\left(x^2\right)^4\left(\frac{3}{x}\right)^0 + {}^4C_1\left(x^2\right)^3\left(\frac{3}{x}\right)^1 + {}^4C_2\left(x^2\right)^2\left(\frac{3}{x}\right)^2 + {}^4C_3\left(x^2\right)^1\left(\frac{3}{x}\right)^3 + {}^4C_4\left(x^2\right)^0\left(\frac{3}{x}\right)^4$$

$$= x^8+4x^6.\frac{3}{x}+6x^4.\frac{9}{x^2}+4x^2.\frac{27}{x^3}+\frac{81}{x^4} = x^8+12x^5+54x^2+\frac{108}{x}+\frac{81}{x^4}$$

उदाहरण 18: द्विपद प्रमेय की सहायता से निम्नलिखित का प्रसार कीजिए।

(i) $\left(-3x+\frac{4}{x^2}\right)^4$ (ii) $\left(\frac{2x^2}{3}-\frac{3}{x^2}\right)^6$ (iii) $\left(2x+3y\right)^5$ (iv) $\left(1+x+x^2\right)^5$

हल: (i) $\left(-3x+\frac{4}{x^2}\right)^4$

हम जानते हैं कि द्विपद प्रमेय,

$$(a+b)^n = {}^nC_0(a)^n(b)^0 + {}^nC_1(a)^{n-1}(b)^1 + {}^nC_2(a)^{n-2}(b)^2 + \ldots\ldots\ldots + {}^nC_n(a)^0(b)^n$$

अब हम द्विपद प्रमेय से तुलना करते हैं,

$$a = -3x, \text{b} = \frac{4}{x^2} \text{ और } n = 4$$

$$\therefore \quad \left(-3x+\frac{4}{x^2}\right)^4 = {}^4C_0(-3x)^4\left(\frac{4}{x^2}\right)^0 + {}^4C_1(-3x)^{4-1}\left(\frac{4}{x^2}\right)^1 + {}^4C_2(-3x)^{4-2}\left(\frac{4}{x^2}\right)^2$$

$$+ {}^4C_3(-3x)^{4-3}\left(\frac{4}{x^2}\right)^3 + {}^4C_4(-3x)^{4-4}\left(\frac{4}{x^2}\right)^4$$

$$= 1\cdot 81\, x^4\cdot 1 + 4\cdot(-27)x^3\cdot\frac{4}{x^2} + 6\cdot 9x^2\cdot\frac{16}{x^4} + 4\cdot(-3)x\cdot\frac{64}{x^6} + 1\cdot 1\cdot\frac{256}{x^8}$$

$$= 81\, x^4 - 432x + \frac{864}{x^2} - \frac{768}{x^5} + \frac{256}{x^8}$$

(ii) $\left(\frac{2x^2}{3}-\frac{3}{x^2}\right)^6$

हम जानते हैं कि द्विपद प्रमेय,

$$(a+b)^n = {}^nC_0(a)^n(b)^0 + {}^nC_1(a)^{n-1}(b)^1 + {}^nC_2(a)^{n-2}(b)^2 + \ldots\ldots\ldots + {}^nC_n(a)^0(b)^n$$

अब हम द्विपद प्रमेय से तुलना करते हैं,

$$a = \frac{2x^2}{3}, \; b = -\frac{3}{x^2} \text{ और } n = 6$$

$$\therefore \left(\frac{2x^2}{3}-\frac{3}{x^2}\right)^6 = {}^6C_0\left(\frac{2x^2}{3}\right)^6\left(-\frac{3}{x^2}\right)^0 + {}^6C_1\left(\frac{2x^2}{3}\right)^5\left(-\frac{3}{x^2}\right)^1 + {}^6C_2\left(\frac{2x^2}{3}\right)^4\left(-\frac{3}{x^2}\right)^2 + {}^6C_3\left(\frac{2x^2}{3}\right)^3\left(-\frac{3}{x^2}\right)^3$$

$$+ {}^6C_4\left(\frac{2x^2}{3}\right)^2\left(-\frac{3}{x^2}\right)^4 + {}^6C_5\left(\frac{2x^2}{3}\right)^1\left(-\frac{3}{x^2}\right)^5 + {}^6C_6\left(\frac{2x^2}{3}\right)^0\left(-\frac{3}{x^2}\right)^6$$

$$= 1\cdot\left(\frac{64x^{12}}{729}\right)\cdot 1+6\left(\frac{32x^{10}}{243}\right)\left(-\frac{3}{x^2}\right)+15\left(\frac{16x^8}{81}\right)\left(\frac{9}{x^4}\right)+20\left(\frac{8x^6}{27}\right)\left(-\frac{27}{x^6}\right)$$
$$+15\left(\frac{4x^4}{9}\right)\left(\frac{81}{x^8}\right)+6\left(\frac{2x^2}{3}\right)\left(-\frac{243}{x^{10}}\right)+1\cdot 1\cdot\left(\frac{729}{x^{12}}\right)$$

$$= \frac{64x^{12}}{729}-\frac{64x^8}{27}+\frac{80x^4}{3}-160+\frac{540}{x^4}-\frac{972}{x^8}+\frac{729}{x^{12}}$$

(iii) $(2x+3y)^5$

हम जानते हैं कि द्विपद प्रमेय,

$$(a+b)^n = {}^nC_0(a)^n(b)^0 + {}^nC_1(a)^{n-1}(b)^1 + {}^nC_2(a)^{n-2}(b)^2 + \dots\dots\dots + {}^nC_n(a)^0(b)^n$$

अब हम द्विपद प्रमेय से तुलना करते हैं,

$a = 2x, b = 3y$ और $n = 5$

$$\therefore\ (2x+3y)^5 = {}^5C_0(2x)^5(3y)^0 + {}^5C_1(2x)^4(3y)^1 + {}^5C_2(2x)^3(3y)^2 + {}^5C_3(2x)^2(3y)^3 + {}^5C_4(2x)^1(3y)^4 + {}^5C_5(2x)^0(3y)^5$$

$$\therefore\ (2x+3y)^5 = 1\cdot(32x^5)\cdot 1+5(16x^4)(3y)+10(8x^3)(9y^2)+10(4x^2)(27y^3)+5(2x)(81y^4)+1\cdot 1\cdot(243y^5)$$

$$\therefore\ (2x+3y)^5 = 32x^5+240x^4y+720x^3y^2+1080x^2y^3+810xy^4+243y^5$$

(iv) $(1+x+x^2)^5$

माना की $1 + x = y$

$$\therefore\ (1+x+x^2)^5 = (y+x^2)^5$$

$$\therefore\ (y+x^2)^5 = {}^5C_0(y)^5(x^2)^0 + {}^5C_1(y)^4(x^2)^1 + {}^5C_2(y)^3(x^2)^2 + {}^5C_3(y)^2(x^2)^3 + {}^5C_4(y)^1(x^2)^4 + {}^5C_5(y)^0(x^2)^5$$

$$\therefore\ (y+x^2)^5 = 1\cdot(y)^5\cdot 1+5(y)^4(x^2)^1+10(y)^3(x^2)^2+10(y)^2(x^2)^3+5(y)^1(x^2)^4+1\cdot 1\cdot(x^2)^5$$

$$\therefore\ (y+x^2)^5 = y^5+5y^4x^2+10y^3x^4+10y^2x^6+5yx^8+x^{10}$$

$$\therefore\ (1+x+x^2)^5 = (1+x)^5+5(1+x)^4x^2+10(1+x)^3x^4+10(1+x)^2x^6+5(1+x)x^8+x^{10}$$

$\therefore\ (1+x)^n = {}^nC_0 + {}^nC_1x + {}^nC_2x^2 + {}^nC_3x^3 + \dots\dots\dots + {}^nC_nx^{n-1}$ के उपयोग से, हमें मिलता है

$$(1+x)^5 = 1+5x+10x^2+10x^3+5x^4+x^5$$
$$(1+x)^4 = 1+4x+6x^2+4x^3+x^4$$
$(1+x)^3 = 1+3x+3x^2+x^3$ and $(1+x)^2 = 1+2x+x^2$

$$\therefore \quad (1+x+x^2)^5 = (1+5x+10x^2+10x^3+5x^4+x^5)+5(1+4x+6x^2+4x^3+x^4)x^2 +10(1+3x+3x^2+x^3)x^4+10(1+2x+x^2)x^6+5(1+x)x^8+x^{10}$$

$$\therefore \quad (1+x+x^2)^5 = 1+5x+10x^2+10x^3+5x^4+x^5+5x^2+20x^3+30x^4+20x^5+5x^6+10x^4+30x^5 +30x^6+10x^7+10x^6+20x^7+10x^8+5x^8+5x^9+x^{10}$$

$$\therefore \quad (1+x+x^2)^5 = 1+5x+15x^2+30x^3+45x^4+51x^5+45x^6+30x^7+15x^8+5x^9+x^{10}$$

उदाहरण 19: निर्देशानुसार हल कीजिए।

(i) $(x^2 + 2y)^8$ का पांचवा पद ज्ञात करो।

(ii) $\left(\frac{2x^2}{3}+\frac{3}{2x^2}\right)^{12}$ का मध्य पद ज्ञात करो।

(iii) $\left(\frac{y^2}{3}-\frac{4}{y^2}\right)^{6}$ का y से स्वतंत्र पद ज्ञात करो।

हल: (i) $(a + b)^n$ का $(r + 1)$ वां पद $T_{(r+1)} = {}^nC_r(a)^{n-r} b^r$ है,

$a = x^2, b = 2y$ और $n = 8$

5वां पद ज्ञात करने के लिए हम $r = 4$ लेते है,

$$\therefore \quad T_{4+1} = {}^8C_4(x^2)^{8-4}(2y)^4 = \frac{8\times7\times6\times5\times4!}{4\times3\times2\times1\times4!}\times x^8\times16y^4 = 1120x^8y^4$$

(ii) प्रसार में पदों की संख्या 12 + 1 = 13 है।

इस प्रकार केवल एक मध्य पद $\left(\frac{12}{2}+1\right)^{th} = (7)^{th}$ है।

$$a = \frac{2x^2}{3}, b = \frac{3}{2x^2} \text{ और } n = 12, r = 6$$

$$\therefore \quad T_{6+1} = C_6^{12}\left(\frac{2x^2}{3}\right)^{12-6}\left(\frac{3}{2x^2}\right)^6 = \frac{12\times11\times10\times9\times8\times7\times6!}{6\times5\times4\times3\times2\times1\times6!}\times\frac{(2)^6x^{12}}{(3)^6}\times\frac{(3)^6}{(2)^6x^{12}} = 924$$

(iii) $\left(\frac{y^2}{3}-\frac{4}{y^2}\right)^{6}$ के प्रसार में y से स्वतंत्र पद ज्ञात कीजिए।

माना T_{r+1}, $\left(\frac{y^2}{3}-\frac{4}{y^2}\right)^{6}$ के प्रसार में y से स्वतंत्र पद है।

$$\therefore \quad T_{r+1} = {}^6C_r\left(\frac{y^2}{3}\right)^{6-r}\left(-\frac{4}{y^2}\right)^r = \frac{6!}{r!(6-r)!}\times\frac{y^{12-2r}}{(3)^{6-r}}\times\frac{(-4)^r}{y^{2r}} = \frac{6!}{r!(6-r)!}\times\frac{(-4)^r}{(3)^{6-r}}\times y^{12-4r}$$

अब, अभीष्ट पद y से स्वतंत्र है, अर्थात y की घात शून्य है।

$\therefore \quad 12 - 4r = 0$

$\therefore \quad r = 3$

$$\therefore \quad T_{r+1} = \frac{6!}{3!(6-3)!} \times \frac{(-4)^3}{(3)^{6-3}} \times y^0 = -\frac{1280}{27}$$

उदाहरण 20: $(x+y)^4 + (x-y)^4$ को सरल कीजिए और $\left(\sqrt{2}+1\right)^4 + \left(\sqrt{2}-1\right)^4$ का मूल्यांकन कीजिए।

हल: $$(x+y)^4 + (x-y)^4 = \left\{\begin{matrix}\left[{}^4C_0(x)^4(y)^0 + {}^4C_1(x)^3(y)^1 + {}^4C_2(x)^2(y)^2 + {}^4C_3(x)^1(y)^3 + {}^4C_4(x)^0(y)^4\right] \\ +\left[{}^4C_0(x)^4(-y)^0 + {}^4C_1(x)^3(-y)^1 + {}^4C_2(x)^2(-y)^2 + {}^4C_3(x)^1(-y)^3 + {}^4C_4(x)^0(-y)^4\right]\end{matrix}\right\}$$

$$(x+y)^4 + (x-y)^4 = \left\{\begin{matrix}\left[1\cdot(x)^4\cdot 1 + 4(x)^3(y)^1 + 6(x)^2(y)^2 + 4(x)^1(y)^3 + 1\cdot 1\cdot y^4\right] \\ +\left[1\cdot(x)^4\cdot 1 - 4(x)^3(y)^1 + 6(x)^2(y)^2 - 4(x)^1(y)^3 + 1\cdot 1\cdot y^4\right]\end{matrix}\right\}$$

$$(x+y)^4 + (x-y)^4 = 2\left(x^4 + 6x^2y^2 + y^4\right)$$

$$\therefore \left(\sqrt{2}+1\right)^4 + \left(\sqrt{2}-1\right)^4 = 2\left(\left(\sqrt{2}\right)^4 + 6\left(\sqrt{2}\right)^2(1)^2 + (1)^4\right) = 2(4+12+1) = 34$$

उदाहरण 21: बताइए की कौन बड़ा है $99^{55} + 100^{50}$ या 101^{50}

हल: हमारे पास है

$$101^{50} = (100+1)^{50} = 100^{50} + 50.100^{49} + \frac{50.49}{2.1}100^{48} + ... \quad ...(i)$$

और $$99^{50} = (100-1)^{50} = 100^{50} - 50.100^{49} + \frac{50.49}{2.1}100^{48} - ... \quad ...(ii)$$

(ii) को (i) से घटाने पर, हमें प्राप्त होता है

$$101^{50} - 90^{50} = 2\cdot 50\cdot 100^{49} + 2\cdot \frac{50\cdot 49\cdot 48}{1\cdot 2\cdot 3}\cdot 100^{47} = 100^{50} + 2\frac{50.49.48}{1.2.3}100^{47} > 100^{50}$$

अत: $101^{50} > 100^{50} + 99^{50}$

उदाहरण 22: सिद्ध कीजिए कि $(1 + x)^n - nx - 1$, x^2 के द्वारा विभाज्य है (जहां $n \in N$)।

हल: $$(1 + x)^n = 1 + nx + \frac{n(n-1)}{1.2}x^2 + \frac{n(n-1)(n-2)}{1.2.3}x^3 + ...$$

$$\therefore (1 + x)^n - nx - 1 = x^2\left[\frac{n(n-1)}{1.2} + \frac{n(n-1)(n-2)}{1.2.3}x + ...\right]$$

उपरोक्त से स्पष्ट है, कि $(1+x)^n - nx - 1$, x^2 के द्वारा विभाज्य है।

उदाहरण 23: $\left(2x^2 - \frac{1}{3x^2}\right)^{10}$ के प्रसार में 6वां पद ज्ञात कीजिए।

हल: $(x+a)^n$ के लिए $T_{r+1} = {}^nC_r x^{n-r} a^r$ का प्रयोग करते हैं।

अत: $$T_6 = {}^{10}C_5(2x^2)^5\left(-\frac{1}{3x^2}\right)^5 = -\frac{10!}{5!5!}32 \times \frac{1}{243} = -\frac{896}{27}$$

उदाहरण 24: द्विपद प्रमेय का प्रयोग करते हुए, निम्नलिखित में से प्रत्येक का मूल्यांकन कीजिए।

(i) $(96)^4$ (ii) $(101)^3$

हल: (i) $(96)^4 = (100 - 4)^4$

$$= {}^4C_0(100)^4(-4)^0 + {}^4C_1(100)^3(-4)^1 + {}^4C_2(100)^2(-4)^2 + {}^4C_3(100)^1(-4)^3 + {}^4C_4(100)^0(-4)^4$$

$$= 1\cdot(100)^4\cdot 1 + 4\cdot(100)^3(-4)^1 + 6\cdot(100)^2(-4)^2 + 4\cdot(100)^1(-4)^3 + 1\cdot 1\cdot(-4)^4$$

$$= (100)^4 - 16(100)^3 + 96(100)^2 - 25600 + 256$$

$$= 100000000 - 16000000 + 960000 - 25600 + 256 = 84934656$$

(ii) $(101)^3 = (100 + 1)^3$

$$= {}^3C_0(100)^3(1)^0 + {}^3C_1(100)^2(1)^1 + {}^3C_2(100)^1(1)^2 + {}^3C_3(100)^0(1)^3$$

$$= 1\cdot(100)^3\cdot 1 + 3\cdot(100)^2(1)^1 + 3\cdot(100)^1(1)^2 + 1\cdot(100)^0(1)^3$$

$$= 1000000 + 30000 + 300 + 1 = 1030301$$

अनुप्रयोग (वास्तविक जीवन / औद्योगिक)

अभिकलित्र (सिमुलेशन)

उदाहरण 1: कई क्षेत्रों में अभिकलित्र के लिए क्रमचय और संचय का नियोजन किया जा सकता है। आनुवंशिकी अभिकलित्र में विभिन्न जीनोटाइप-फेनोटाइप संघों का निरूपण करने वाले क्रमचय का उपयोग किया जाता हैं। अभिकलित्र के लिए क्रमचय और संचयों को नियोजित करने वाले अन्य क्षेत्रों में नेटवर्क, क्रिप्टोग्राफी, डेटाबेस और ऑपरेशन रिसर्च शामिल हैं।

सिम कार्ड

उदाहरण 2: सिम कार्ड के लिए विचरण संख्या की मात्रा की गणना क्रमचय के सिद्धांत के अनुप्रयोग के रूप में की जा सकती है ।

सुरक्षा कोड

उदाहरण 3: क्रमचय के सिद्धांत को एन्क्रिप्शन या सुरक्षा कोड (पासवर्ड) के विज्ञान पर लागू किया जा सकता है। क्रमचय अक्सर संचार नेटवर्क और समानांतर वितरण सिस्टम में उपयोग किया जाता है।

क्रिप्टोग्राफी और नेटवर्क सुरक्षा

उदाहरण 4: प्रदर्शन आकलन के लिए नेटवर्क पर विभिन्न क्रमचयो को रूट करना क्रिप्टोग्राफी और नेटवर्क सुरक्षा के क्षेत्र में एक आम समस्या है। कई संचार नेटवर्क को सूचना के सुरक्षित हस्तांतरण की आवश्यकता होती है, जो क्रिप्टोग्राफी और नेटवर्क सुरक्षा में विकास को बढ़ावा देता है।

पूर्वानुमान सेवाएं

उदाहरण 5: द्विपद प्रमेय का उपयोग आगामी आपदाओं की भविष्यवाणी में किया जा सकता है, इस प्रमेय का उपयोग मौसम के प्रतिरूप (पैटर्न) की भविष्यवाणी और विश्लेषण में भी किया जा सकता है।

वित्त

उदाहरण 6: द्विपद प्रमेय किसी राशि पर एक निश्चित ब्याज दर पर कई वर्षों की अवधि के बाद प्राप्त होने वाले ब्याज की गणना करने में सहायक होता है।

उच्च गणित

उदाहरण 7: द्विपद प्रमेय का प्रयोग उच्च घात वाले समीकरणों के मूल ज्ञात करने में किया जाता है। इसका उपयोग भौतिकी और गणित में कई महत्वपूर्ण समीकरणों को सिद्ध करने में भी किया जाता है।

सांख्यिकी और प्रायिकता

उदाहरण 8: द्विपद प्रमेय के विभिन्न प्रकार के अनुप्रयोग सांख्यिकी और अर्थव्यवस्था में बहु उपयोगी प्राप्त परिणामो के संभाव्यता विश्लेषण में किया जाता है।

वास्तु-कला

उदाहरण 9: इंजीनियरिंग परियोजनाओं में लागत का अनुमान लगाने के लिए, वास्तुकार द्विपद प्रमेय के अनुप्रयोगों का उपयोग करता है, ये संरचना की रूपरेखा पर भी लागू होती हैं।

इंटरनेट प्रोटोकॉल

उदाहरण 10: द्विपद प्रमेय का इंटरनेट ऑफ थिंग्स (IoT) में प्रभावशाली अनुप्रयोग है। एक अन्य अनुप्रयोग वेरिएबल सब नेटिंग में पाया जा सकता है।

लघु परियोजना:

(i) पास्कल के त्रिभुज में प्रतिरूप पर एक सूक्ष्म परियोजना तैयार करना, जैसे क्षैतिज योग और प्रतिरूप जो फाइबोनैचि (Fibonacci) अनुक्रम बनाते हैं।

(ii) मशीन लर्निंग और आईओटी (इंटरनेट ऑफ थिंग्स) के लिए द्विपद प्रमेय के अनुप्रयोगों पर एक लघु परियोजना तैयार करें।

जिज्ञासा और उत्सुकता विषयक

(i) 8 सदस्यों की एक सोसायटी में हमें 3 सदस्यों की एक समिति का चयन करना है, जबकि सोसायटी का मालिक विकास पहले से ही समिति का सदस्य है, समिति को कितने तरीकों से बनाया जा सकता है?

(ii) अगर मैं चीनी, पानी, दूध और चाय को मिलाकर एक कप चाय बनाऊं, तो क्या क्रम मायने रखता है?

(iii) आप 7 ग्रहों को कितने अलग-अलग तरीकों से क्रमबद्ध कर सकते हैं?

(iv) एक दिन मैं ट्रेन से पुणे से जबलपुर जाना चाहता हुँ। पुणे से जबलपुर के लिए कोई सीधी ट्रेन नहीं है, लेकिन पुणे से भोपाल और भोपाल से जबलपुर के लिए ट्रेनें हैं। पुणे से भोपाल के लिए तीन और भोपाल से जबलपुर के लिए चार ट्रेनें हैं। अब मैं पुणे से जबलपुर कितने तरीकों से यात्रा कर सकता हूँ?

(v) एक खेल आयोजन में मान लीजिए कि पाँच टीमें प्रतिस्पर्धा कर रही हैं। प्रथम स्थान को गोल्ड और दूसरे स्थान को सिल्वर मेडल मिलता है। इन टीमों को कितने अलग-अलग तरीके से पदक दिए जा सकते हैं?

(vi) एक खेल आयोजन में मान लीजिए कि सात टीमें प्रतिस्पर्धा कर रही हैं। प्रथम स्थान को "ए" प्रकार का पदक तथा द्वितीय स्थान को "बी" प्रकार का पदक प्राप्त होता है। पदक विजेताओं के कितने समूह संभव हैं? टीमों का क्रम मायने नहीं रखता।

(vii) 11 लोगों की कमेटी से, यह मानते हुए कि एक व्यक्ति एक से अधिक पदों पर नहीं रह सकता है, हम कितने तरीको से एक अध्यक्ष, एक उपाध्यक्ष, एक सचिव और एक कोषाध्यक्ष चुन सकते हैं?

(viii) द्विपद प्रायिकता बंटन हमें दुर्लभ घटनाओं की संभावना को समझने और संभावित पूर्वानुमान योग्य श्रेणियों को निर्धारित करने, उनकी समीक्षा करने में मदद करता है।

(ix) मशीन लर्निंग मॉडल के निष्पादन में द्विपद प्रमेय का उपयोग कैसे किया जा सकता है?

उपरोक्त प्रश्नों के अलावा, क्रमचय, संचय और द्विपद प्रमेय का उपयोग अर्थव्यवस्था, उच्च गणित, पूर्वानुमान सेवाओं, रैंकिंग, इंटरनेट प्रोटोकॉल (आईपी), वास्तुकला, वित्त, जनसंख्या अनुमान और कई अन्य क्षेत्रों से संबंधित वास्तविक दुनिया की समस्याओं के लिए किया जा सकता है।

यूनिट सारांश

इस इकाई में पहला खंड ^nP_r और ^nC_r के मान के साथ क्रमचय और संचय और वास्तविक जीवन की समस्याओं में इनके अनुप्रयोग के लिए समर्पित है। क्रमचय और संचयों का अध्ययन प्रोत्साहित करता है, और इसके लिए संकल्पना, बीजगणितीय सहजता और सटीक गणनाओं पर ध्यान देने की आवश्यकता होती है। बाद के खंड में धनात्मक पूर्णांक घातांक और किसी भी घातांक के लिए द्विपद प्रमेय का अध्ययन करते हैं। इनके बीजगणितीय गुणों की चर्चा की गई है। क्रमचय और संचय के अनुप्रयोगों के साथ-साथ मुख्य अवधारणाओं को सुदृढ़ करने के लिए नए उदाहरणों का विनिर्माण किया गया। कुछ खुले प्रश्नों की भी सलाह दी जाती है ये मौखिक प्रश्न प्रमुख पदों और अवधारणाओं की अवधारणात्मक समझ का आकलन करने में मदद करेंगे। दूसरी ओर, बीजगणितीय समस्याएं छात्रों को बीजगणितीय बदलाव को लागू करने में मदद करेंगी, द्विपद गुणांक पर आधारित समस्याएं छात्रों की सन्निकटन के लिए उनकी व्याख्या करने की क्षमता का आकलन करती हैं। संख्यात्मक समस्याओं के लिए छात्र को गणना या गणना करने की आवश्यकता होती है। वास्तविक दुनिया के अनुप्रयोग यथार्थवादी समस्या का परिदृश्य प्रस्तुत करते हैं।

अभ्यास

बहुविकल्पीय प्रश्न

1. यदि सबसे अच्छा और सबसे खराब पेपर एक साथ कभी नहीं आता है, तो छह प्रश्न पत्रों को कितने तरीकों से व्यवस्थित किया जा सकता है

(a) 120 (b) 480

(c) 240 (d) इनमें से कोई नहीं

2. अंकों 1, 2, 3, 4, 5, 6 से कितनी संख्याएँ बनाई जा सकती है, जो 5 से विभाज्य और 3000 और 4000 के बीच में आ सकती हैं (पुनरावृत्ति की अनुमति नहीं है)

(a) $^6P_2$ (b) $^5P_2$

(c) $^4P_2$ (d) $^6P_3$

3. एक हाथ की चार अंगुलियों में 6 अंगूठियां धारण करने के तरीको की संख्या है

(a) 4^6 (b) $^6C_4$

(c) 6^4 (d) इनमें से कोई नहीं

4. अंक 1, 2, 3, 4 से कितनी संख्याएँ बनाई जा सकती हैं जबकी पुनरावृत्ति की अनुमति नहीं है

(a) $^4P_4$ (b) $^4P_3$

(c) $^4P_1 + {}^4P_2 + {}^4P_3$ (d) $^4P_1 + {}^4P_2 + {}^4P_3 + {}^4P_4$

5. एक पद के लिए 3 उम्मीदवार हैं और एक का चयन 7 पुरुषों के मतों से किया जाना है। वोट देने के तरीकों की संख्या है

(a) 7^3 (b) 3^7

(c) $^7C_3$ (d) इनमें से कोई नहीं

6. भोपाल से ग्वालियर के बीच 4 बसें चलती हैं। यदि कोई व्यक्ति बस से ग्वालियर से भोपाल जाता है और दूसरी बस से वापस ग्वालियर आता है, तो कुल संभावित रास्ते हैं

(a) 12 (b) 16

(c) 4 (d) 8

7. यदि $^nP_5 = 20. {}^nP_3$, तब $n =$

(a) 4 (b) 8

(c) 6 (d) 7

8. UNIVERSAL शब्द के किन्हीं तीन अक्षरों से मिलकर कितने शब्द बनाए जा सकते हैं?

(a) 504 (b) 405

(c) 540 (d) 450

9. यदि $^nP_4 : {}^nP_5 = 1 : 2$, तब $n =$

(a) 4 (b) 5

(c) 6 (d) 7

10. *mn* पत्र, *n* पत्र पैटी में कितने तरीकों से पोस्ट किये जा सकते है

(a) $(mn)^n$ (b) m^{mn}

(c) n^{mn} (d) इनमें से कोई नहीं

11. 10 सही-गलत प्रश्नों के उत्तर कितने प्रकार से दिए जा सकते हैं

(a) 20 (b) 100

(c) 512 (d) 1024

12. 1, 2, 3, 4, 5, 6, 7, 8, 9 अंकों से 3 विभिन्न अंकों की कितनी सम संख्याएँ बनाई जा सकती हैं (पुनरावृत्ति की अनुमति नहीं है)

(a) 224 (b) 280

(c) 324 (d) इनमें से कोई नहीं

13. यदि $^nP_5 = 9 \times {}^{n-1}P_4$, तब n का मान है

(a) 6 (b) 8

(c) 5 (d) 9

14. ${}^{n}P_r$ का मान है

(a) ${}^{n-1}P_r + r\,{}^{n-1}P_{r-1}$ (b) $n.{}^{n-1}P_r + {}^{n-1}P_{r-1}$

(c) $n({}^{n-1}P_r + {}^{n-1}P_{r-1})$ (d) ${}^{n-1}P_{r-1} + {}^{n-1}P_r$

15. 9-अंकीय संख्याओं की कुल संख्या ज्ञात कीजिए जिनके सभी अंक अलग-अलग हैं

(a) $9 \times 9!$ (b) 9!

(c) 10! (d) इनमें से कोई नहीं

16. चार पासे (छः मुखी) लुढ़काते है। संभावित परिणामों की संख्या जिसमें कम से कम एक पासा 2 दिखाता है

(a) 1296 (b) 625

(c) 671 (d) इनमें से कोई नहीं

17. 4 पार्सल और 5 डाकघर हैं। पार्सल का पंजीकरण कितने अलग-अलग तरीकों से किया जा सकता है

(a) 20 (b) 4^5

(c) 5^4 (d) $5^4 - 4^5$

18. चार विद्यार्थियों में 5 पुरस्कार कितने तरीकों से बांटे जा सकते हैं जबकि प्रत्येक विद्यार्थी एक या अधिक पुरस्कार ले सकता है

(a) 1024 (b) 625

(c) 120 (d) 600

19. एक ट्रेन में पांच सीटें खाली हैं, तो तीन यात्री कितने तरीकों से बैठ सकते हैं

(a) 20 (b) 30

(c) 10 (d) 60

20. अंक 4, 5, 6, 7, 8 हर संभव क्रम में लिखे गए हैं। 56000 से बड़ी संख्याओं की संख्या है

(a) 72 (b) 96

(c) 90 (d) 98

21. एक गाँव से एक कस्बे की ओर जाने वाली 5 सड़कें हैं। विभिन्न तरीकों की संख्या जिसमें एक ग्रामीण शहर जा सकता है और वापस लौट सकता है,

(a) 25 (b) 20

(c) 10 (d) 5

22. पांच परीक्षा पत्रों को कितने तरीकों से व्यवस्थित किया जा सकता है ताकि भौतिकी और रसायन विज्ञान के प्रश्नपत्र कभी एक साथ न आएं?

(a) 31 (b) 48

(c) 60 (d) 72

23. 5 प्रतियोगियों को प्रथम, द्वितीय और तृतीय पुरस्कार देने के तरीकों की संख्या है

(a) 10 (b) 60

(c) 15 (d) 125

24. अंक 1, 2, 3, 4, 5, 6 का उपयोग करके बनाई जा सकने वाली 3-अंकीय विषम संख्याओं की संख्या, जब पुनरावृत्ति की अनुमति हो, है

(a) 60 (b) 108

(c) 36 (d) 30

25. संख्या 2, 0, 4, 3, 8 से पाँच अंकों की कितनी संख्याएँ बनाई जा सकती हैं जब अंकों की पुनरावृत्ति की अनुमति नहीं है

(a) 96 (b) 120

(c) 144 (d) 14

26. यदि $^{12}P_r = 1320$, तब r बराबर होता है

(a) 5 (b) 4

(c) 3 (d) 2

27. यह मानते हुए कि कोई भी दो क्रमागत अंक समान नहीं हैं, n अंकों की संख्याओं की संख्या है

(a) $n!$ (b) $9!$

(c) 9^n (d) n^9

28. शब्द SALOON के अक्षरों की व्यवस्था की संख्या, यदि दो O एक साथ नहीं आते हैं,

(a) 360 (b) 720

(c) 240 (d) 120

29. MAXIMUM शब्द के अक्षरों से बनने वाले शब्दों की संख्या, यदि दो व्यंजन एक साथ नहीं हो सकते हैं,

(a) 4! (b) $3! \times 4!$

(c) 7! (d) इनमें से कोई नहीं

30. COMMITTEE शब्द के अक्षरों से कितने शब्द बनाए जा सकते हैं?

(a) $\dfrac{9!}{(2!)^2}$ (b) $\dfrac{9!}{(2!)^3}$

(c) $\dfrac{9!}{2!}$ (d) 9!

31. MODESTY शब्द के अक्षर सभी संभावित क्रम में लिखे गए हैं और इन शब्दों को शब्दकोष की तरह लिखा गया है, तो MODESTY शब्द का रैंक है

(a) 5040 (b) 720

(c) 1681 (d) 2520

32. पुस्तकों को एक पंक्ति में कितने तरीकों से व्यवस्थित किया जा सकता है कि दो निर्दिष्ट पुस्तकें एक साथ न हों

(a) $n! - (n-2)!$ (b) $(n-1)!(n-2)$

(c) $n! - 2(n-1)$ (d) $(n-2)n!$

33. अंक 1, 2, 3, 4, 5, 6 की सहायता से 500 और 600 के बीच कितनी संख्याएँ बनाई जा सकती हैं जब अंकों की पुनरावृत्ति न हो

(a) 20 (b) 40

(c) 60 (d) 80

34. संख्याओ की संख्या जो 1000 से अधिक लेकिन 4000 से अधिक नहीं हो, तथा जो अंक 0, 1, 2, 3, 4 (अंकों की पुनरावृत्ति की अनुमति है) के द्वारा बनाई जा सकती हैं,

(a) 350 (b) 375

(c) 450 (d) 576

35. अंक 1, 2, 3, 4, 3, 2, 1 की सहायता से बनाई जा सकने वाली संख्याओं की संख्या है, जबकि विषम अंक हमेशा विषम स्थानों पर रहे।

(a) 24 (b) 18
(c) 12 (d) 30

36. 5 लड़के और 3 लड़कियाँ एक पंक्ति में कितने प्रकार से बैठ सकते हैं कि कोई भी दो लड़कियाँ एक साथ न हों?

(a) $5! \times 3!$ (b) ${}^4P_3 \times 5!$
(c) ${}^6P_3 \times 5!$ (d) ${}^5P_3 \times 3!$

37. 1, 2, 3, 4, 5, 6 अंकों से 1000 से कम कितनी संख्याएँ बनाई जा सकती हैं (पुनरावृत्ति की अनुमति नहीं है)

(a) 156 (b) 160
(c) 150 (d) इनमें से कोई नहीं

38. एक अष्टभुज में विकर्णों की संख्या होगी

(a) 28 (b) 20
(c) 10 (d) 16

39. यदि एक बहुभुज में 44 विकर्ण हैं, तो उसकी भुजाओं की संख्या है:

(a) 7 (b) 11
(c) 8 d) इनमें से कोई नहीं

40. एक वृत्त पर चार बिंदुओं को मिलाने से कितने त्रिभुज बन सकते हैं

(a) 4 (b) 6
(c) 8 (d) 10

41. $(\sqrt{2}+1)^6-(\sqrt{2}-1)^6=$

(a) 101 (b) $70\sqrt{2}$
(c) $140\sqrt{2}$ (d) $120\sqrt{2}$

42. $x^5+10x^4a+40x^3a^2+80x^2a^3+80xa^4+32a^5=$

(a) $(x+a)^5$ (b) $(3x+a)^5$
(c) $(x+2a)^5$ (d) $(x+2a)^3$

43. सूत्र $(a+b)^m=a^m+ma^{m-1}b+\frac{m(m-1)}{1.2}a^{m-2}b^2+....$ संतुष्ट होता है, जब

(a) $b<a$ (b) $a<b$
(c) $|a|<|b|$ (d) $|b|<|a|$

44. $(x+a)^{100}+(x-a)^{100}$ के प्रसार में सरलीकरण के बाद पदों की कुल संख्या होगी

(a) 202 (b) 51
(c) 50 (d) इनमें से कोई नहीं

45. $\frac{1}{\sqrt{5+4x}}$ का द्विपद प्रमेय द्वारा प्रसार किया जा सकता है, यदि

(a) $x<1$ (b) $|x|<1$
(c) $|x|<\frac{5}{4}$ (d) $|x|<\frac{4}{5}$

46. $(1 + x)^{20}$ के प्रसार में r वें और $(r+1)$वें पदों के गुणांक बराबर हो, तो r का मान होगा

(a) 7 (b) 8

(c) 9 (d) 10

47. यदि $\left(x^4 + \frac{1}{x^3}\right)^{15}$ के प्रसार के r वें पद में आता है, तो r का त मान होगा

(a) 7 (b) 8

(c) 9 (d) 10

48. $(\sqrt{x} - \sqrt{y})^{17}$ के प्रसार में 16 वां पद होगा

(a) $136xy^7$ (b) $136xy$

(c) $-136xy^{15/12}$ (d) $-136xy^2$

49. यदि $(1 + x)^m$ के द्विपद प्रसार में तीसरा पद $-\frac{1}{8}x^2$ है, तो m का परिमेय मान है

(a) 2 (b) 1/2

(c) 3 (d) 4

50. यदि A और B क्रमशः $(1 + x)^{2n}$ और $(1 + x)^{2n-1}$ के प्रसार में x^n के गुणांक हैं, तो

(a) A = B (b) A = 2B

(c) 2A = B (d) इनमें से कोई नहीं

51. $\left(y^2 + \frac{c}{y}\right)^5$ के प्रसार में y का गुणांक होगा

(a) 20c (b) 10c

(c) $10c^3$ (d) $20c^2$

52. $\left(x - \frac{1}{x}\right)^6$ के प्रसार में अचर पद होगा

(a) – 20 (b) 20

(c) 30 (d) – 30

53. $\left(x + \frac{1}{x}\right)^{10}$ के प्रसार में मध्य पद होगा

(a) ${}^{10}C_4 \frac{1}{x}$ (b) ${}^{10}C_5$

(c) ${}^{10}C_5\, x$ (d) ${}^{10}C_7\, x^4$

बहुविकल्पीय प्रश्नों के उत्तर

1(b), 2(c), 3(a), 4(d), 5(b), 6(a), 7(b), 8(a), 9(c), 10(c), 11(d), 12(a), 13(d), 14(a), 15(a), 16(c), 17(c), 18(a), 19(d), 20(c.), 21(a), 22(d), 23(b), 24(b), 25(a), 26(c), 27(a), 28(c), 29(a), 30(b), 31(c), 32(b), 33(a), 34(b), 35(b), 36(c), 37(a), 38(b), 39(b), 40(a), 41(c), 42(c), 43(d), 44(b), 45(c), 46(c), 47(c), 48(c), 49(b), 50(b.), 51(c), 52(a), 53(b)

लघु और दीर्घ उत्तरीय प्रश्न

प्र.1. निम्नलिखित का मान ज्ञात कीजिए।

(i) $(x^0)!$ (ii) $(^{101}C_1)!$ (iii) $(\log 1)!$

(iv) $5!$ (v) $3 \times 4!$ (vi) $6 \times 5 \times 4!$

प्र.2. निम्नलिखित का मान ज्ञात कीजिए।

(i) $^8P_5$ (ii) $^{14}P_2$ (iii) $P(901, 1)$

(iv) $^{12}C_3$ (v) $^9C_5$ (iii) $^{2001}C_0$

प्र.3. निम्नलिखित का मान ज्ञात कीजिए।

(i) $\dfrac{10!}{5!4!}$ (ii) $\dfrac{8!-3!}{6!}$ (iii) $6! + 4!$

प्र.4. यदि $6\left(\dfrac{1}{12!}+\dfrac{1}{13!}\right)=\dfrac{k}{12!+11!}$, k ज्ञात कीजिए।

प्र.5. यदि $(n-1)! + n! + 576 = (n+1)!$, n ज्ञात कीजिए।

प्र.6. एक ही छात्र को दो दिए बिना, 10 छात्रों को 3 अलग-अलग पुरस्कार कितने तरीकों से दिए जा सकते हैं?

प्र.7. एक सेमिनार हॉल में 6 दरवाजे हैं, एक व्यक्ति कितने तरीकों से एक दरवाजे से हॉल में प्रवेश कर सकता है और अलग दरवाजे से निकलता है?

प्र.8. भोपाल से मुंबई तक तीन मार्ग हैं: सड़क, रेल और हवाई। मुंबई से सूरत तक चार मार्ग हैं: सड़क, रेल, वायु और समुद्र। भोपाल से सूरत के कितने मार्ग हैं?

प्र.9. 5, 6, 7, 8, 9 अंकों से 3 अंकों की कितनी भिन्न संख्याएँ बनाई जा सकती हैं (उसी संख्या में कोई अंक दोहराया नहीं जा रहा है)?

प्र.10. "OXYGEN" शब्द के अक्षरों का उपयोग करके कितने शब्द (अर्थपूर्ण या अर्थहीन) बनाए जा सकते हैं?

प्र.11. सिद्ध कीजिए कि, $^{12}P_4 = {}^{11}P_4 + 4\left({}^{11}P_3\right)$

प्र.12. यदि $P(8, r) = 8P(9, r-1)$, r ज्ञात कीजिए

प्र.13. शब्द "COMPLIANT" के अक्षरों से कितने अलग-अलग शब्द बन सकते हैं? जबकि स्वर कभी एक साथ न हों?

प्र.14. अंक 0, 1, 2, 3, 4, 5 का प्रयोग करके 30000 से बड़ी कितनी संख्याएँ बनाई जा सकती हैं? जबकि किसी भी संख्या में कोई अंक दोहराया नहीं जाता है?

प्र.15. "TRIGONOMETRY" अक्षर कितने प्रकार से व्यवस्थित हो सकता है, जबकि व्यंजन एक साथ आये?

प्र.16. 6 महिलाओं और 6 पुरुषों को मेज के चारों ओर कितने प्रकार से बैठाया जा सकता है, जबकि दो महिलाएं एक साथ नहीं बैठे ?

प्र.17. यदि $^{2n}C_5 : {}^nC_5 = 286:3$, तब n ज्ञात कीजिए।

प्र.18. सत्यापित कीजिए: $r\left({}^nC_r\right)=n\left({}^{n-1}C_{r-1}\right)$

प्र.19. 5 लड़के और 4 लड़कियों में से 5 की एक समिति बनानी है। कितने प्रकार से ऐसा किया जा सकता है, यदि समिति में (i) 2 लड़के (ii) कम से कम 2 लड़कियां हों?

प्र.20. एक थैले में 6 काली और 5 लाल गेंदें हैं, 6 गेंदें निकाली जाती हैं। निश्चित करो कि 3 काली और 3 लाल गेंदों को कितने तरीकों से निकाला जा सकता है?

प्र.21. 15 खिलाड़ियों के समूह में से 11 खिलाड़ियों को कितने तरीकों से चुना जा सकता है?

प्र.22. $\left(x+\frac{1}{y}\right)^{11}$ के प्रसार में 6 वां पद ज्ञात कीजिए।

प्र.23. $\left(\frac{1}{x}-3x\right)^{6}$ के प्रसार में अंत से तृतीय पद ज्ञात कीजिए।

प्र.24. $\left(3x^2+\frac{1}{2x^2}\right)^{8}$ के प्रसार में से स्वतंत्र पद ज्ञात कीजिए।

प्र.25. निम्न के प्रसार में मध्य पद ज्ञात कीजिए।

(i) $\left(\frac{3}{2}x^2-\frac{1}{3x}\right)^{8}$ (ii) $\left(x+\frac{1}{x}\right)^{2n}$

प्र.26. निम्न के प्रसार में मध्य पद ज्ञात कीजिए।

(i) $\left(x^2+\frac{2}{x^3}\right)^{7}$ (ii) $\left(\frac{4}{x^3}-\frac{x^3}{2}\right)^{5}$

प्र.27. $(2x+5)^5$ के प्रसार में x का गुणांक ज्ञात कीजिए।

प्र.28. $\left(2x^2-\frac{3}{x}\right)^{9}$ के प्रसार में x^{-3} का गुणांक ज्ञात कीजिए।

प्र.29. द्विपद प्रमेय का उपयोग करके $(1-x+x^2)^4$ का x की घातों में प्रसार किजिए।

प्र.30. $(x+y)^5+(x-y)^5$ को सरल कीजिए और $\left(\sqrt{3}+1\right)^5+\left(\sqrt{3}-1\right)^5$ का मूल्यांकन कीजिए।

प्र.31. द्विपद प्रमेय का उपयोग करते हुए, सिद्ध कीजिए कि $4^n-3n-1(n \in N$ के लिए) हमेशा 9 से विभाज्य है।

प्र.32. शेषफल ज्ञात कीजिए, जब 3^{99} को 5 से विभाजित करते है।

प्र.33. द्विपद प्रमेय का प्रयोग करते हुए, निम्नलिखित में से प्रत्येक का मूल्यांकन कीजिए।

(i) $(1.05)^4$ (ii) $(99.01)^3$

लघु और दीर्घ उत्तरीय प्रश्नों के उत्तर

1. (i) 1, (ii) 1, (iii) 1, (iv) 120, (v) 72, (vi) 720 **2.** (i) 6720, (ii) 182, (iii) 901, (iv) 220, (v) 126, (vi) 1

3. (i) 1260, (ii) 126, (iii) 744 **4.** $k=7$ **5.** $n=5$ **6.** 720 **7.** 30

8. 12 **9.** 60 **10.** 720 **12.** 1 **13.** 30240 **14.** 360

15. 604800 **16.** 6!5! **17.** 14 **19.** (i) 40, (ii) 105 **20.** 200

21. 1365 **22.** $462\frac{x^6}{y^6}$ **23.** $1215x^4$ **24.** $\frac{2835}{8}$ **25.** (i) $-\frac{7}{9}x$, (ii) $\frac{(2n)!}{n!n!}$

26. (i) $\frac{280}{x},\frac{560}{x^6}$ (ii) $-\frac{1120}{x^3},140x^3$ **27.** 6250 **28.** –314928

29. $1-4x+10x^2-16x^3+19x^4-16x^5+10x^6-4x^7+x^8$ **30.** $88\sqrt{3}$ **32.** 7

33. (i) 1.21550625, (ii) 97059305.9701

अधिक जानिए

- क्रमचय और संचय का अध्ययन क्यों?
- द्विपद प्रमेय और उसके गुणांक हमारे दैनिक जीवन में कैसे उपयोगी हैं?
- पैटर्न (प्रतिरूप) और संबंधों को न्यायसंगत और व्यापीकरण करके गणितीय तर्क का उपयोग।
- समकालीन अगणितीय घटनाओं के साथ ऐतिहासिक संदर्भ में गणित का विकास।
- अपरिचित व्यवस्था में गणित पर आधारित समस्याओं का उपयोग कैसे किया जा सकता है?
- दैनिक जीवन में गणितीय सोच क्यों मूल्यवान है?
- ऑनलाइन शिक्षण में शिफ्ट
- क्रमचय और संचय और इसके गुणधर्म सीखने का सबसे सरल तरीका।
- द्विपद प्रमेय के सिद्धांत और उसके गुणांक का आविष्कार क्यों किया गया?
- क्रमचय और संचय को सहज रूप से सीखना।
- गणना को कम जटिल बनाना।
- शिक्षकों के लिए ऑनलाइन शिक्षा उपकरण।
- आलोचनात्मक सोच सिखाना
- STEM शिक्षा

संदर्भ एवं अध्ययन हेतु सुझाव

1. E. Krezig, *Advanced Engineering Mathematics*, 10th Edition, Wiley, 2015.
2. H. K. Das, *Advanced Engineering Mathematics,* S. Chand & Co, New Delhi, 2007.
3. B. S. Grewal, *Higher Engineering Mathematics,* Khanna Publication, New Delhi ,2015.
4. Alan Jeffrey, Advanced *Engineering Mathematics*, Harcourt/Academic Press, 2002, USA.
5. S. S. Sastry, *Engineering Mathematics, Volume 1*, PHI Learning, New Delhi, 2009.
6. M.P. Trivedi and P.Y. Trivedi, Consider *Dimension and Replace Pi*, Notion Press, 2018.
7. www.scilab.org/ -SCI Lab
8. https://grafeq.en.downloadastro.com/- Graph Eq^n 2.
9. https://www.onlinemathlearning.com
10. http://mathworld.wolfram.com
11. https://math.microsoft.com
12. http://euclideanspace.com

परिशिष्ट

परिशिष्टः ब्लूम के स्तर के अनुरूप आंकलन

ब्लूम टैक्सोनॉमी - इस चतुर्थांश हेतू प्रश्नों के विकास के लिए इसे निम्नलिखित दो श्रेणियों में बांटा गया है जैसा कि नीचे दिया गया है:

श्रेणी I प्रश्न	श्रेणी II प्रश्न - उच्च क्रम कल्पना कौशल
ब्लूम का स्तर 1: याद रखना	ब्लूम का स्तर 4: विश्लेषण करना
ब्लूम का स्तर 2: समझना	ब्लूम का स्तर 5: मूल्यांकन करना
ब्लूम का स्तर 3: अनुप्रयोग	ब्लूम का स्तर 6: सृजन करना

विनिर्देश तालिका (मॉडल)

कोर्स आउटकम संख्या	इकाई संख्या	इकाई शीर्षक	अंक वितरण			कुल अंक
			R	U	A	
CO-1 CO-2 CO-3 CO-4 CO-5 CO-6 CO-7	I	त्रिकोणमिति	2	4	6	12
	II	फलन और सीमा	2	4	4	10
	III	अवकल गणित	2	8	10	20
	IV	सम्मिश्र संख्याएँ और आंशिक भिन्न	2	4	8	14
	V	क्रमचय और संचय, द्विपद प्रमेय	2	6	6	14
		कुल	10	26	34	70

आगामी अध्ययन हेतु सन्दर्भ

कुछ पुस्तकों की सूची नीचे दी गई है जो इच्छुक विद्यार्थियों द्वारा विषय (सैद्धांतिक और प्रायोगिक दोनों) के आगे सीखने के लिए उपयोग की जा सकती है:

- B.S. Grewal, Higher Engineering Mathematics, Khanna Publishers, New Delhi, 40th Edition, 2007.
- G. B. Thomas, R. L. Finney, Calculus and Analytic Geometry, Addison Wesley, 9th Edition, 1995.
- Reena Garg, Engineering Mathematics, Khanna Publishing House, New Delhi (Revised Ed. 2018).
- V. Sundaram, R. Balasubramanian, K.A. Lakshminarayanan, Engineering Mathematics, 6/e.,
- Vikas Publishing House.
- Reena Garg & Chandrika Prasad, Advanced Engineering Mathematics, Khanna Publishing House, New Delhi

CO और PO अटैनमेंट तालिका

पाठ्यक्रम पूर्ण होने के उपरांत कोर्स आउटकम्स (COs) को प्रोग्राम आउटकम्स (POs) के साथ मैप (परस्पर संबंध) किया जा सकता है तथा अन्तर का विश्लेषण करने के लिए POs प्राप्ति हेतु सहसंबंध स्थापित किया जा सकता है। POs प्राप्ति में अन्तर के उचित विश्लेषण पश्चात प्राप्त कमियों को दूर करने के लिए उचित उपाय भी किये जा सकते हैं।

कोर्स आउटकम्स (COs)	**प्रोग्राम आउटकम्स (POs) के आपेक्षित संबंध** *(1. कमजोर सहसंबंध; 2. मध्यम सहसंबंध; 3. मजबूत सहसंबंध)*						
	PO-1	**PO-2**	**PO-3**	**PO-4**	**PO-5**	**PO-6**	**PO-7**
CO-1							
CO-2							
CO-3							
CO-4							
CO-5							
CO-6							
CO-7							

उपरोक्त तालिका में उल्लेखित किये गए आंकड़ों का उपयोग, अन्तर के विश्लेषण करने में किया जा सकता है।

अनुक्रमणिका